# Metodologia do Ensino de **Biologia** e **Química**

Com um rico material de apoio a docentes e estudantes, esta coleção composta de oito títulos abarca as principais correntes teóricas sobre o ensino de Química e Biologia da atualidade. Destaca-se por trabalhar essas disciplinas aproximando-as da realidade do aluno em seu cotidiano, sendo esta uma das características mais presentes nesta coleção. Sobressaem-se também materiais voltados à ludicidade, prática bastante difundida na academia, mas pouco explorada nos manuais disponíveis atualmente aos docentes. As obras ainda contam com exercícios e gabaritos disponibilizados como instrumentos facilitadores da aprendizagem.

O Ensino de Biologia e o Cotidiano

O Professor-Pesquisador no Ensino de Ciências

O Ensino de Química e o Cotidiano

Fundamentos Filosóficos do Ensino de Ciências Naturais

Didática e Avaliação em Biologia

Fundamentos Históricos do Ensino de Ciências

Didática e Avaliação da Aprendizagem em Química

**Jogos no Ensino de Química e Biologia**

Neusa Nogueira Fialho

# Jogos no Ensino de Química e Biologia

2ª edição

Rua Clara Vendramin, 58 . Mossunguê
Cep 81200-170 . Curitiba . PR . Brasil
Fone: (41) 2106-4170
www.intersaberes.com
editora@intersaberes.com

*Conselho editorial*
Dr. Alexandre Coutinho Pagliarini
Dr².Elena Godoy
Dr Neri dos Santos
M².ª Maria Lúcia Prado Sabatella

*Editora-chefe*
Lindsay Azambuja

*Gerente editorial*
Ariadne Nunes Wenger

*Assistente editorial*
Daniela Viroli Pereira Pinto

*Edição de texto*
Monique Francis Fagundes Gonçalves

*Capa*
Denis Kaio Tanaami (*design*)
Charles L. da Silva (adaptação)
Pacha M Vector/Shutterstock (imagem)

*Projeto gráfico*
Bruno Palma e Silva

*Designer responsável*
Charles L. da Silva

*Iconografia*
Regina Claudia Cruz Prestes

---

Dados Internacionais de Catalogação na Publicação (CIP)
(Câmara Brasileira do Livro, SP, Brasil)

Fialho, Neusa Nogueira
  Jogos no ensino de química e biologia / Neusa Nogueira Fialho. -- 2. ed. -- Curitiba, PR : InterSaberes, 2024. -- (Coleção metodologia do ensino em biologia e química ; v. 8)

  Bibliografia.
  ISBN 978-85-227-0834-5

  1. Biologia – Estudo e ensino 2. Jogos educacionais 3. Prática de ensino 4. Professores – Formação profissional 5. Química – Estudo e ensino I. Título. II. Série.

23-171480
                                    CDD - 574.07
                                         - 540.7

Índices para catálogo sistemático:
1. Biologia : Estudo e ensino   574.07
2. Química : Estudo e ensino   540.7

Eliane de Freitas Leite - Bibliotecária - CRB 8/8415

---

Foi feito o depósito legal.

1ª edição, 2013.
2ª edição, 2024.

Informamos que é de inteira responsabilidade da autora a emissão de conceitos.

Nenhuma parte desta publicação poderá ser reproduzida por qualquer meio ou forma sem a prévia autorização da Editora InterSaberes.

A violação dos direitos autorais é crime estabelecido na Lei nº 9.610/1998 e punido pelo art. 184 do Código Penal.

# Sumário

*Dedicatória*, 9
*Agradecimentos*, 11
*Apresentação*, 13
*Introdução*, 17

1 **A utilização de jogos no ensino de Química e Biologia, 21**
   1.1 Jogos educativos e ludicidade, 24
   1.2 Utilizando jogos no ensino de Química e Biologia, 29
   1.3 Química e Biologia: em busca de um trabalho interdisciplinar, 33
   1.4 O professor como mediador da atividade lúdica sob o paradigma da complexidade, 35

1.5 Precauções na utilização de jogos como alternativa à prática docente, 40

*Síntese, 42*

*Indicações culturais, 44*

*Atividades de autoavaliação, 45*

*Atividades de aprendizagem, 49*

## 2 Jogando com caixinhas de fósforo, 51

2.1 Jogo das Caixinhas, 54

2.2 Dominó Químico, 73

*Síntese, 82*

*Indicações culturais, 82*

*Atividades de autoavaliação, 84*

*Atividades de aprendizagem, 87*

## 3 Jogando com as cartas, 89

3.1 Jogo do Mico, 92

3.2 Pif-Paf de Química, 98

*Síntese, 105*

*Indicações culturais, 105*

*Atividades de autoavaliação, 107*

*Atividades de aprendizagem, 110*

## 4 Jogos com dados e tabuleiros, 113

4.1 Jogo dos Dados Biológicos, 116

4.2 Jogo do "L" Invertido, 135

*Síntese, 149*

*Indicações culturais, 150*

*Atividades de autoavaliação, 151*

*Atividades de aprendizagem, 154*

## 5 Jogos de Quebra-Cabeça, 157

5.1 Quebra-Cabeça Genealógico, 160

5.2 Quebra-Cabeça Químico, 166

*Síntese, 174*

*Indicações culturais, 175*

*Atividades de autoavaliação, 176*

*Atividades de aprendizagem, 180*

*Considerações finais, 181*
*Glossário, 185*
*Referências, 191*
*Bibliografia comentada, 199*
*Gabarito, 201*
*Nota sobre a autora, 211*

Ao meu filho Jonathan (*in memoriam*), amor eterno e presença espiritual que me motivou e me inspirou na realização deste livro.

# Agradecimentos

As oportunidades surgem em nossas vidas e muitas vezes as deixamos passar, talvez por não as enxergarmos, talvez pelo próprio medo do desafio. Para alguns elas surgem muitas vezes, para outros em raras ocasiões.

Encarei este desafio como uma oportunidade e agradeço a Deus por permitir a realização de um sonho que tenho desde criança: escrever. Reconheço Sua bondade e Sua presença sempre viva em todos os dias de minha vida.

Agradeço à amiga Prof.ª Mª. Tatiana Santini Trevisan pelo convite e pela confiança em mim depositada para a realização deste livro.

Agradeço ao amigo Prof. Me. Jacques de Lima Ferreira pelas revisões de alguns textos de Biologia, contribuindo para que ficassem mais claros e coerentes.

Agradeço também ao meu esposo, José Arnaldo Fialho, por todo o seu carinho e a sua paciência, auxiliando-me na leitura e opinando sobre o texto, inclusive sobre as regras dos jogos.

# Apresentação

Este livro foi escrito tendo por objetivo o auxílio aos professores que ensinam Química, Biologia e as demais ciências, propondo-lhes uma metodologia de ensino diferenciada, dinâmica e atraente, capaz de motivar os estudantes no processo de ensino-aprendizagem.

A escrita desta obra tornou-se um grande desafio, principalmente pela dificuldade em encontrarmos literatura que ajudasse no embasamento teórico, pois a grande maioria dos livros que abordam temas relacionados ao lúdico, mais especificamente aos jogos educativos, é direcionada ao ensino infantil.

Durante o desenvolvimento deste livro, foram realizadas experiências com vários jogos envolvendo tanto estudantes quanto professores: alunos, pela aplicação desses jogos em sala de aula, e docentes, nos cursos de formação continuada que ministramos. Em ambos os casos obtivemos resultados positivos: educandos e educadores se empolgaram e se entusiasmaram na realização dos jogos.

Apesar de seu potencial pedagógico no processo de aprendizagem, os jogos educativos devem ser utilizados como instrumentos de apoio, ou seja, podem ser úteis na introdução, no reforço, na síntese de conteúdos e até mesmo como instrumentos avaliativos. É importante enfatizar ainda que essa ferramenta de ensino pode ser instrutiva e transformar-se numa disputa divertida com capacidade de criar sutilmente momentos de prazer e de consequente aprendizagem.

Consideramos que o aspecto competitivo durante os jogos é evidente, porém não se torna motivo de preocupação, pois o professor preparado poderá esclarecer que esse tipo de competição acontece apenas no jogo, e não na vida.

Reunimos neste livro uma variedade de jogos confeccionados com materiais simples, de baixo custo e que foram utilizados ao longo da carreira da autora como professora atuante nos vários níveis de escolaridade. Considerando nossas experiências positivas com jogos educativos, organizamos o livro em cinco capítulos, facilitando a sua utilização e a sua exploração tanto por professores quanto por estudantes.

É importante ressaltar que os conteúdos abordados nos jogos deste livro são apresentados de maneira sintetizada, com linguagem simples, porém de fácil entendimento, porque o objetivo principal não são os conteúdos em si – pois o educador pode adaptá-los conforme a sua necessidade –, mas sim o aspecto lúdico, com a intenção de provocar e instigar o docente para as diversas maneiras de se fazer educação.

O primeiro capítulo apresenta um embasamento teórico em que se destaca o lúdico na educação, buscando-se dar ênfase à contextualização dessas duas ciências e à necessidade de se ter o professor como mediador do processo. Tratamos também de esclarecer que os jogos não podem ser utilizados apenas como diversão, mas sim como uma possibilidade de ensino, portanto enumeramos alguns cuidados que o educador deve ter ao utilizá-los em suas aulas.

A partir do segundo capítulo, começamos a parte prática do livro: os jogos educativos propriamente ditos, sobre os quais apresentamos, em cada caso, uma breve introdução, os objetivos, a confecção (materiais necessários e procedimentos), o modelo e as regras do jogo.

Em cada capítulo (a partir do segundo) tivemos o cuidado de colocar dois jogos relacionados ao título, sendo um para a aprendizagem de Química e outro para a aprendizagem de Biologia. Dessa forma, o segundo capítulo é dedicado ao desenvolvimento de jogos com caixinhas de fósforo, cuja intenção foi a de criar jogos educativos utilizando material de baixo custo e com criatividade.

No terceiro capítulo, os jogos apresentados têm como base os jogos com cartas de baralho. Por meio de jogos de cartas convencionais, construímos esse capítulo criando o jogo do mico, que foi adaptado para o ensino de Biologia, e o Pif-Paf de Química, que, como o próprio nome indica, foi adaptado à aprendizagem de Química, pois percebemos no dia a dia que os estudantes são muito atraídos por esse tipo de jogo, dada a presença marcante de jogos como o truco e o Uno no meio estudantil.

O quarto capítulo é dedicado aos jogos com dados e tabuleiros. Os jogos de tabuleiro evoluíram ao longo dos séculos e envolvem os estudantes com suas particularidades. Portanto, para os jogos desse capítulo, utilizamos um tabuleiro em que o objetivo é passar por todas as suas divisões ou "casas", caminho no qual o aluno enfrenta obstáculos, e um outro tabuleiro que serviu de suporte para a colocação dos conteúdos.

Ambos propiciam jogos cheios de emoção, com bonificações, vantagens e desvantagens, proporcionando uma disputa empolgante.

Outro tipo de jogo que influencia positivamente os educandos é o quebra-cabeça, porém adaptá-lo aos conteúdos tornou-se provocativo, uma vez que esse tipo de jogo exige, geralmente, uma figura, que é recortada e compõe as peças a serem montadas. No entanto, apesar das limitações que percebemos ao buscar as imagens para construir esse capítulo, podemos dizer que o jogo requer um grande potencial de concentração e determinação para ser finalizado.

Esperamos que tanto professores quanto estudantes usufruam deste livro, utilizando os jogos como metodologias de ensino possíveis e como alternativas motivadoras para o processo de aprendizagem, capazes de incrementar e diversificar as formas de ensinar e aprender.

# Introdução

Mesmo diante de tantas ferramentas inovadoras no campo da educação, tais como a informática, as multimídias, a interação via internet etc., tão importantes e em ascendência hoje, o professor ainda encontra muitas dificuldades em sala de aula, principalmente no que diz respeito à motivação dos estudantes para a aprendizagem.

Sabemos que uma aula mais dinâmica e elaborada requer também mais trabalho por parte do educador; no entanto, o retorno pode ser bastante significativo, de qualidade e gratificante quando o docente se dispõe a criar novas maneiras de ensinar, deixando de lado a comodidade das aulas rotineiras.

Dessa forma, este livro visa propor a utilização dos jogos no processo de ensino-aprendizagem como instrumentos motivadores de imenso potencial de sociabilidade e interação, de desenvolvimento cognitivo e afetivo, de criatividade e emoção, que podem proporcionar momentos de intenso interesse por parte dos estudantes.

Muitas vezes, o desinteresse do educando é atribuído à falta de motivação, acarretada pelas metodologias de ensino baseadas em paradigmas conservadores, isto é, fundamentadas na transmissão de conhecimentos, com visão de ensino fragmentada e que não prioriza a complexidade e a visão de um aluno em sua totalidade, em que professor e educando aprendem juntos, de maneira crítica, reflexiva e transformadora.

As disciplinas de Química e Biologia, em especial, ainda são construídas de forma descontextualizada, distantes da prática. É importante, pois, que o docente desperte o interesse do estudante pelos assuntos ensinados e, para isso, é necessária a utilização de uma linguagem mais atraente, que aproxime os conteúdos o máximo possível da realidade de cada um, de modo a transformá-los em vivência.

Cada professor tem uma metodologia própria e um estilo único de realizar o seu trabalho, mas nem sempre consegue alcançar os seus objetivos porque os alunos apresentam dificuldades de aprendizagem das formas mais variadas.

Nesse contexto, e na tentativa de contribuir com o processo de ensino-aprendizagem de forma diferenciada, mais dinâmica e interessante, apresentamos neste livro atividades lúdicas diversas, além de um embasamento teórico sobre o lúdico na educação, direcionando-o especialmente ao professor de Química e Biologia. Enfatizamos que a exploração do aspecto lúdico pode tornar-se uma técnica facilitadora na elaboração de conceitos, no reforço de conteúdos, na sociabilidade entre os estudantes, na criatividade, no espírito de competição e cooperação, de modo a tornar o processo de aprendizagem motivador e agradável.

É importante esclarecermos de antemão que os jogos educativos apresentados neste livro podem ser utilizados na aprendizagem de qualquer área do conhecimento, pois basta adaptar os conteúdos aqui propostos, agregando-se a outros que sejam do interesse e da necessidade do professor.

# Capítulo 1

Uma aula dinâmica, elaborada e motivadora requer mais trabalho por parte do professor; no entanto, é possível que haja um retorno significativo e gratificante se ele se dispuser a criar novas maneiras de ensinar, inserindo em sua prática pedagógica metodologias diversificadas, aliadas a materiais didáticos inovadores que levem o estudante a querer aprender.

# A utilização de jogos no ensino de Química e Biologia

*Ensinar exige reflexão crítica sobre a prática.*
*(Paulo Freire, 1996, p. 38).*

A utilização de jogos educativos pode constituir uma proposta inovadora e um material didático de imenso potencial educativo. Neste capítulo, apresentaremos um embasamento teórico com vistas a justificar a aplicação desse recurso em sala de aula.

Dessa forma, argumentaremos sobre a inserção do lúdico na educação; a interdisciplinaridade com o ensino de Química e Biologia; a utilização dos jogos no processo de ensino-aprendizagem; o professor como mediador da atividade lúdica, aliado a um paradigma emergente; e os cuidados que o docente deve ter ao levar um jogo para a sala de aula.

Para tratar do paradigma emergente, recorremos a Behrens (2007). A autora explica que o paradigma emergente é entendido como o novo paradigma da ciência na Sociedade do Conhecimento. Esse novo paradigma é definido por Vidal, Behrens e Miranda (2003, p. 35) como "uma escola que ofereça oportunidades para repensar a prática docente com a finalidade de propor metodologias inovadoras".

Esses autores (Vidal; Behrems; Miranda, 2003, p. 55) ainda apontam que o paradigma emergente exige "uma prática pedagógica que supere a fragmentação e a reprodução do conhecimento", de maneira que o estudante seja considerado em sua totalidade.

Nesse contexto, o professor que opta por uma prática pedagógica embasada no paradigma emergente busca no aspecto lúdico uma maneira diversificada para desenvolver os conteúdos. Assim, a ludicidade, bem como o uso de jogos no processo de aprendizagem, representa uma técnica facilitadora, pois pode auxiliar os estudantes na elaboração de conceitos, no reforço de conteúdos, na criatividade, no espírito de cooperação e competição. Além disso, a exploração do aspecto lúdico pode contribuir para o desenvolvimento intelectual, social e afetivo, potencializando a construção do conhecimento.

## 1.1 Jogos educativos e ludicidade

A sociedade contemporânea exige mudanças, principalmente no âmbito educacional, e também um professor que se adapte a novos paradigmas e busque atualização e aprimoramento constantemente. Dessa maneira, podemos dizer que a concepção moderna de trabalho docente exige "uma sólida formação científica, técnica e política, viabilizadora de uma prática pedagógica crítica e consciente da necessidade de mudanças na sociedade brasileira" (Brzezinski, 1992, p. 83).

Outra exigência também está relacionada à formação do docente, seja no que se refere aos desafios e às tensões da formação inicial, seja no que diz respeito às limitações e dificuldades da formação continuada. Frequentemente, a formação recebida pelo educador reflete-se em sua prática pedagógica; portanto, para o docente, como profissional consciente, é preciso ficar claro que sua formação não acaba na graduação. Assiduidade, estudo e maior nota não definem a qualidade de um professor: é preciso pesquisar, observar, buscar capacitação, aprender com os estudantes e até mesmo errar muitas vezes e aprender com os próprios erros para se alcançar o aperfeiçoamento profissional.

Refletir sobre a prática pedagógica e tornar-se pesquisador de sua própria prática constituem aspectos fundamentais que requerem mudanças paradigmáticas para que se firme uma docência de qualidade e inovadora, capaz de conduzir o educando à aprendizagem.

Mudanças em práticas pedagógicas implicam releitura do papel do professor como profissional reflexivo, além da utilização de materiais didáticos diversificados e interessantes – elementos que constituem recursos essenciais ao processo de ensino-aprendizagem. Dessa forma, podemos citar os jogos como exemplos de bons materiais didáticos, pois são "importantes instrumentos de desenvolvimento de crianças e jovens. Longe de servirem apenas como fonte de diversão, o que já seria importante, eles propiciam situações que podem ser exploradas de diversas maneiras educativas" (Dohme, 2008, p. 79).

Os jogos educativos têm se tornado atualmente uma alternativa metodológica e motivo de pesquisa de muitos educadores, porém essas investigações acontecem, em sua maioria, em torno de aplicações direcionadas à pré-escola e aos primeiros anos de ensino. Poucas ainda são as pesquisas que destacam a sua utilização no ensino fundamental e no ensino médio, principalmente no que se refere ao ensino de Biologia e Química.

O grande potencial dos jogos educativos é despertar o interesse do estudante, proporcionando uma educação lúdica, que, consequentemente, traz também o interesse pelos conteúdos envolvidos nos jogos, de modo a favorecer a criação de um ambiente motivador para a aprendizagem. Nesse sentido, é importante esclarecermos, citando Almeida (2003, p. 57), que

> A educação lúdica, além de contribuir e influenciar na formação da criança e do adolescente, possibilitando um crescimento sadio, um enriquecimento permanente, integra-se ao mais alto espírito de uma prática democrática enquanto investe em uma produção séria do conhecimento. Sua prática exige a participação franca, criativa, livre, crítica, promovendo a interação social e tendo em vista o forte compromisso de transformação e modificação do meio.

Os jogos educativos revelam a sua importância ao promoverem situações de aprendizagem que podem potencializar a construção do conhecimento, proporcionando a realização de atividades lúdicas e prazerosas e desenvolvendo a capacidade de participação ativa e a motivação. Como explica Moyles (2002, p. 21), "a estimulação, a variedade, o interesse, a concentração e a motivação são igualmente proporcionados pela situação lúdica".

Jogando, o indivíduo se depara com o desejo de vencer, o que lhe provoca uma sensação agradável, pois as competições e os desafios propiciam situações que mexem com os impulsos. Nesse contexto Kishimoto, (2009, p. 37) esclarece que

> A utilização do jogo potencializa a exploração e a construção do conhecimento, por contar com a motivação interna, típica do lúdico, mas o trabalho pedagógico requer a oferta de estímulos externos e a influência de parceiros, bem como a sistematização de conceitos em outras situações que não jogos.

Diante da afirmação de Kishimoto (2009), devemos ressaltar que os jogos educativos são apenas alternativas didáticas, pois o estudante não constrói o seu conhecimento simplesmente por meio de jogos. É importante que os jogos educativos sejam utilizados como instrumentos de apoio, constituindo elemento útil tanto na introdução quanto na fixação e na avaliação de conteúdos apreendidos anteriormente.

Em contrapartida, podemos afirmar que essa ferramenta de ensino pode ser instrutiva quando transformada numa disputa divertida que consiga, de forma sutil, contribuir para o desenvolvimento cognitivo do estudante. Portanto, "o jogo não pode ser visto, apenas, como divertimento [...], pois ele favorece o desenvolvimento físico, cognitivo, afetivo, social e moral" (Kishimoto, 2009, p. 95).

Em se tratando de jogos no ensino, é fundamental a existência de uma relação entre o jogo e a aprendizagem que seja marcada pelo envolvimento tanto do professor quanto do estudante. Nesse envolvimento, ambos podem ser inseridos, à sua maneira, no processo de ensino-aprendizagem e experimentar o prazer das apropriações necessárias para a aquisição de conhecimentos.

Percebemos, mediante experiências na área educacional, que estudo e brincadeira ainda ocupam momentos distintos na vida de nossos estudantes e, dessa forma, o lúdico perde os seus referenciais e o seu real significado. Além disso, a exploração do aspecto lúdico, bem como a utilização de jogos educativos em sala de aula, ainda é limitada a poucos educadores, talvez por ser uma técnica que exige mais trabalho por parte do professor, seja na construção, seja na aplicação dos jogos ou, ainda, pela própria opção paradigmática do docente.

Muitas vezes, o professor não entende o estudante simplesmente porque não o conhece. A necessidade de ensinar os conteúdos é tão grande e tão cobrada que o educador acaba esquecendo, ou até mesmo ignorando, que, assim como nós, os alunos também têm seus problemas e emoções.

É válido ressaltar que os estudantes necessitam de muito mais do que simplesmente ouvir, escrever e resolver atividades que atendam ao currículo proposto para o ano. Assim, podemos ir além e proporcionar a eles momentos de harmonia, diversão e brincadeiras, em busca da aprendizagem e da convivência saudável com as suas próprias emoções.

É essencial que o professor busque sempre novas ferramentas de ensino, procurando diversificar as suas aulas e, assim, torná-las mais interessantes e atraentes para os seus estudantes. O trabalho com jogos vem atender a essa necessidade como opção diferenciada que pode ser utilizada de várias formas e em diversos momentos do ensino.

Os jogos educativos podem contribuir para o desenvolvimento de habilidades físicas ligadas tanto aos movimentos do corpo quanto ao uso dos sentidos. De acordo com Dohme (2008, p. 80), "nesta segunda categoria estão os jogos de observação, que trabalham com a astúcia, memória, identificação de semelhanças, diferenças e composição de conjuntos".

A habilidade intelectual também pode ser desenvolvida por meio dos jogos, ou seja, "os jogos podem provocar o desenvolvimento intelectual de forma direta usando-se jogos cujo objetivo requeira inteligência e raciocínio e de forma indireta usando-se o raciocínio estratégico para a conquista de um objetivo que poderá ser físico, artístico etc." (Dohme, 2008, p. 82).

A aplicação de jogos educativos propicia uma interação natural entre os estudantes, com momentos de grande vivência em que há a manifestação de indagações, a formulação de estratégias e a verificação de erros e acertos para futuras reformulações e planejamentos de novas ações. Dessa maneira, podemos dizer que esse recurso pedagógico pode contribuir também para o desenvolvimento social.

O desejo de vencer e a competitividade entre os alunos podem revelar alguns valores, como, ser ou não leal nessa atividade. Tal comportamento será percebido pelo professor durante a aplicação do jogo e é relacionado a fatores como a identificação ou a indiferença quanto a perder ou ganhar. Dohme (2008, p. 88) afirma que "os jogos podem funcionar como um elemento de avaliação do comportamento e uma ligação com valores que cada um de seus estudantes tem".

Precisamos considerar, ainda, que o jogo pode criar um ambiente capaz de proporcionar o surgimento de laços afetivos entre os alunos devido ao sentimento de descontração que ele oferece. Assim, é necessário que entendamos a importância da utilização dos jogos no ensino de Química e Biologia e que estes possam ser aplicados também como apoio às demais ciências.

## 1.2 Utilizando jogos no ensino de Química e Biologia

A escola constitui um espaço privilegiado de construção do conhecimento, de troca de informações que provocam influências no âmbito cultural e social; um espaço em que professor e aluno podem experimentar desafios, vivenciar conteúdos aplicáveis ao cotidiano e descobrir caminhos de integração humana, indispensáveis à vida nas várias dimensões. Nesse contexto, "a educação tem que surpreender, cativar, conquistar os estudantes a todo momento. A educação precisa encantar, entusiasmar, seduzir, apontar possibilidades e realizar novos conhecimentos e práticas" (Moran, 2008, p. 21).

A realização de novas práticas pedagógicas sugere pesquisa e disponibilidade por parte do docente, além de muito trabalho. Assim, a aplicação de jogos aliada ao espírito lúdico, tanto no ensino de Química quanto no de Biologia, pode se constituir em uma alternativa simples e relevante a ser utilizada como apoio ao processo de ensino-aprendizagem. Esse fato se dá, principalmente, se considerarmos que os conteúdos de ciências, especificamente os de Química e Biologia, envolvem temas abstratos, o que dificulta a compreensão dos estudantes, e que, ainda hoje, são ensinados na abordagem conservadora, ou seja, com base na transmissão de conhecimentos.

Os estudos da química e da biologia são abordados mais especificamente no ensino médio. Dessa maneira, é válido enfatizarmos que nas Orientações Curriculares para o Ensino Médio os jogos são mencionados como uma das estratégias para a abordagem dos temas estruturantes. Segundo essas orientações (Brasil, 2006, p. 28):

> *Os jogos e brincadeiras são elementos muito valiosos no processo de apropriação do conhecimento. Permitem o desenvolvimento de competências no âmbito da comunicação, das relações interpessoais, da liderança e do trabalho em equipe, utilizando a relação entre cooperação e competição em um contexto formativo.*

Portanto, como afirmam Campos, Bortoloto e Felício (2002),

> *a apropriação e a aprendizagem significativa de conhecimentos são facilitadas quando tomam a forma aparente de atividade lúdica, pois os estudantes ficam entusiasmados quando recebem a proposta de aprender de uma forma mais interativa e divertida, resultando em um aprendizado significativo.*

A utilização de jogos no ensino de Química e Biologia visa transportar para o ambiente escolar situações que valorizem e potencializem a construção do conhecimento, que facilitem o entendimento de determinados conteúdos e que motivem e despertem o interesse dos estudantes para a aprendizagem. Essas situações ficam mais claras quando entendemos a conceituação de jogos educativos defendida por Kishimoto (2009, p. 83):

> Ao permitir a manifestação do imaginário infantil, por meio de objetos simbólicos dispostos intencionalmente, a função pedagógica subsidia o desenvolvimento integral da criança. Neste sentido, qualquer jogo empregado na escola, desde que respeite a natureza do ato lúdico, apresenta caráter educativo e pode receber também a denominação geral de jogo educativo.

Na concepção de Kishimoto (2009), o jogo apresenta duas funções: **função lúdica**, pois se revela como diversão e prazer, e **função educativa**, ou seja, completa o indivíduo em seu saber, seus conhecimentos e sua compreensão de mundo.

Considerando que o jogo promove a aprendizagem, podemos dizer que ele tem a característica de um material didático que pode proporcionar uma aprendizagem significativa. Além disso, o fato de o estudante lidar com regras permite-lhe a compreensão dos conhecimentos que aparecem vinculados a essa atividade, apresentando-lhe novos elementos para aprender. No entanto, segundo Soares (2008), é preciso ficar claro que

> Os jogos carregam em si problemas e desafios de vários níveis e que requerem diferentes alternativas e estratégias, sendo todos estes detalhes delimitados por regras. Isto é, da mesma forma que as regras vão estabelecer detalhes para que o jogo prossiga, será obrigatório o jogador dominá-las para que possa atuar. As operações que comporão a estratégia a ser utilizada deverão considerar os mecanismos e as dificuldades do jogo.

Soares (2008) classifica as estratégias utilizadas em um jogo em duas visões: a macroscópica e a microscópica. O autor explica que as estratégias na visão **macroscópica** referem-se aos objetivos a serem atingidos pelo estudante durante o jogo, levando-o à vitória de forma mais eficaz; já as estratégias na visão **microscópica** compõem-se de decisões contextuais que levam em consideração cada momento do jogo. Conforme Soares (2008), "Há jogos em que estas decisões, em ambos os níveis, são condicionadas pela sorte (roleta, ludo), em outros, na decisão do jogador (xadrez, damas) e em um último caso, em um misto dos dois (cartas, banco imobiliário)".

Seja condicionado pela sorte, seja com base na utilização de estratégias, todo jogo apresenta suas regras, e estas representam o elemento marcante de um jogo educacional, pois a falta de clareza das normas pode prejudicar o funcionamento do jogo, tanto no que se refere aos objetivos propostos pelo professor quanto no que se refere à organização como um todo, gerando indisciplina e até mesmo questionamentos indevidos por parte dos estudantes, o que viria a descaracterizar a real importância do jogo e a intenção lúdica proposta.

De acordo com Dohme (2008), existem características que são atribuídas às atividades lúdicas e que podem ser consideradas comuns a todas as suas aplicações:

~ **Participação ativa do estudante no processo de ensino-aprendizagem** – A participação do estudante no jogo condiciona-se às suas habilidades e às estratégias que ele utiliza durante o desafio.

~ **Diversidade de objetivos** – A diversidade de objetivos permite o desenvolvimento amplo de características individuais e de habilidades em diversas áreas.

~ **Exercício do "aprender fazendo"** – Os erros e os acertos executados pelo educando durante o jogo privilegiam ações como testar, descobrir, analisar, tentar e ousar.

~ **Aumento da motivação** – O estudante, assim como qualquer indivíduo, aprende melhor quando o que está sendo ensinado lhe interessa, seja pela curiosidade, seja pelo prazer, seja pelo próprio benefício.

Diante de todas essas características, podemos concluir que é imprescindível que o professor conheça o aluno, visualizando-o como o principal agente do seu processo de aprendizado e considerando-o como um ser que aprende, com capacidades e limitações, porém com interesse e ritmo próprios. E, partindo do princípio de que o estudante aprende melhor quando o exposto instiga o seu interesse, propomos ainda que o docente integre os conhecimentos de química e de biologia específicos deste livro às demais áreas das ciências por meio de um trabalho interdisciplinar.

## 1.3 Química e Biologia: em busca de um trabalho interdisciplinar

O termo *interdisciplinaridade* encontra-se diretamente relacionado à interatividade, ou seja, para que haja um trabalho interdisciplinar pedagógico é necessário que ocorra uma interação entre as diversas disciplinas ou áreas específicas do saber. Fazenda (2002, p. 9) afirma que interação é uma "condição de efetivação da interdisciplinaridade. Pressupõe uma integração de conhecimentos, visando novos questionamentos, novas buscas, enfim, a transformação da própria realidade".

Na visão de Fazenda (2002, p. 9), a integração constitui um momento da interdisciplinaridade, melhor dizendo, "refere-se a um aspecto formal da interdisciplinaridade, ou seja, à questão de organização das disciplinas num programa de estudos [...] e assim sendo, pode-se dizer que necessita da integração das disciplinas para sua efetivação". No entanto, a autora enfatiza que essa integração precisa ser pensada em nível de integração de conhecimentos, priorizando um conhecimento global.

Dessa forma, segundo Lembo (2002, p. 12),

> *O conceito de interdisciplinaridade fica mais claro quando se considera o fato trivial de que todo conhecimento mantém um diálogo permanente com outros conhecimentos, que pode ser de questionamento, de confirmação, de complementação, de negação, de ampliação, de iluminação de aspectos não distinguidos.*

Pensando-se desse modo, fica fácil entender que algumas disciplinas se identificam e se aproximam, como no caso da Química e da Biologia, assim como outras se distanciam e se diferem em vários aspectos, em virtude das informações e dos conhecimentos envolvidos. Contudo, é válido ressaltar que a interdisciplinaridade acontece naturalmente, principalmente quando há uma contextualização, isto é, quando o professor busca explorar o cotidiano e os fatos recentes para explicar determinado assunto; assim, a contextualização permite o surgimento de relações entre um conteúdo e as demais áreas.

De acordo com os Parâmetros Curriculares Nacionais – PCN (Brasil, 2000, p. 21), "a interdisciplinaridade deve ser compreendida a partir de uma abordagem relacional, em que se propõe que, por meio da prática escolar, sejam estabelecidas interconexões e passagens entre os conhecimentos através de relações de complementaridade, convergência ou divergência".

Com relação ao âmbito escolar, os PCN (Brasil, 2000, p. 21) deixam claro que

> *A interdisciplinaridade não tem a pretensão de criar novas disciplinas ou saberes, mas de utilizar os conhecimentos de várias disciplinas para resolver um problema concreto ou compreender um fenômeno sob diferentes pontos de vista. Em suma, a interdisciplinaridade tem uma*

*função instrumental. Trata-se de recorrer a um saber útil e utilizável para responder às questões e aos problemas sociais contemporâneos.*

Nesse sentido, não poderíamos deixar de considerar as informações dos PCN em relação ao trabalho interdisciplinar dentro da escola, ao mesmo tempo que devemos levar em consideração a importância metodológica da interdisciplinaridade, a qual Fazenda (2002, p. 8) trata como "indiscutível, porém é necessário fazer-se dela um fim, pois interdisciplinaridade não se ensina nem se aprende, apenas vive-se, exerce-se e, por isso, exige uma nova Pedagogia, a da comunicação".

Assim, entendemos que um ensino interdisciplinar exige uma postura pedagógica mais complexa por parte do professor, com posições paradigmáticas inovadoras, além de reflexões e críticas inerentes à sua própria prática docente no sentido de que este busque realizar um trabalho voltado para a interdisciplinaridade de modo a relacionar a Química com a Biologia, assim como às demais disciplinas.

É importante ressaltarmos ainda que a utilização de jogos educativos pode contribuir com momentos e possibilidades para que o educador desenvolva os conteúdos de forma interdisciplinar, ou seja, de maneira que ele possa utilizar os conteúdos propostos nos jogos para expandir e integrar novos conhecimentos.

# 1.4 O professor como mediador da atividade lúdica sob o paradigma da complexidade

A constituição da práxis docente se completa na capacidade que o professor tem para refletir, criar e buscar alternativas práticas a partir de sua vivência no dia a dia em sala de aula. Na relação dialética e conflituosa entre teoria e prática que ocorre no cotidiano escolar é que o docente tido como iniciante aprende a ser efetivamente professor.

Mudanças em práticas pedagógicas exigem a postura e o dinamismo de educadores curiosos e entusiasmados, abertos a novas descobertas, que queiram motivar e dialogar e, principalmente, que trabalhem tendo como base um paradigma inovador ou da complexidade.

O paradigma da complexidade desafia o professor a pensar e desenvolver sua práxis contemplando múltiplas tendências, a admitir e entender as conquistas dos diferentes períodos e agregá-las à sua prática docente. O paradigma da complexidade exige metodologias diferenciadas tanto no ato de ensinar quanto no ato de aprender. Behrens (2007, p. 445), baseando-se em Boaventura, Santos, Capra e Morin, afirma que "o paradigma inovador, emergente ou da complexidade, propõe uma visão crítica, reflexiva e transformadora na Educação e exige a interconexão de múltiplas abordagens, visões e abrangências".

Segundo Behrens (2007, p. 445), "a prática pedagógica em todas as áreas de conhecimento tem sido desafiada pela necessidade de buscar o paradigma da complexidade na tentativa de superar a visão dualista e reducionista que ainda perdura na prática pedagógica de muitos professores que atuam nas universidades".

Portanto, os docentes que desenvolvem uma prática pedagógica voltada para a transformação buscam a cada dia novos métodos de ensinar e novas maneiras de resgatar o interesse do estudante pelo aprender. Conforme Moran (2008, p. 29), "os grandes educadores atraem não só pelas suas ideias, mas pelo contato pessoal. Dentro ou fora da aula, chamam a atenção. Há sempre algo surpreendente e diferente no que dizem, nas relações que estabelecem, na forma de olhar, de comunicar-se, de agir".

A utilização de jogos no processo de aprendizagem de Química e de Biologia exige um professor que organize situações de ensino que possibilitem ao estudante a tomada de consciência com relação ao significado do conhecimento a ser adquirido e que entenda o jogo como uma alternativa diferenciada para o aprendizado.

Partindo desses pressupostos, segundo Moura (2009, p. 84), é preciso entender que

> O professor vivencia a unicidade do significado do jogo e de material pedagógico, na elaboração da atividade de ensino, ao considerar, nos planos afetivos e cognitivos, os objetivos, a capacidade do estudante, os elementos culturais e os instrumentos (materiais e psicológicos) capazes de colocar o pensamento da criança em ação.

Desse modo, o papel do educador é o de mediador da ação pedagógica, o sujeito que organiza, intervindo quando necessário, de maneira a auxiliar o aluno nas atividades diversas, inclusive na prática com jogos, favorecendo a aprendizagem. Como o jogo constitui uma ação educativa, cabe ao professor "organizá-la de forma que se torne atividade que estimule autoestruturação do estudante" (Moura, 2009, p. 85).

Portanto, a utilização de jogos no ensino de Química e Biologia, assim como de outras disciplinas, pode contribuir tanto para a formação do estudante quanto para a formação efetiva do professor, pois, observando as tentativas de erros e acertos daquele, este poderá buscar meios de aprimoramento em sua práxis pedagógica.

Freire (2009, p. 69) nos deixa uma reflexão básica com relação à dinâmica desse processo

> Toda prática educativa demanda a existência de sujeitos, um que, ensinando, aprende, outro que, aprendendo, ensina, daí o seu cunho gnosiológico; a existência de objetos, conteúdos a serem ensinados e aprendidos; envolve o uso de métodos, de técnicas, de materiais; implica, em função de seu caráter diretivo, objetivo, sonhos, utopias, ideais.

Ao escolher atividades lúdicas para trabalhar conteúdos de química e biologia, é preciso que o professor tenha muito claros os objetivos que pretende alcançar com o jogo proposto, garantindo que este não seja visto pelos estudantes apenas como divertimento e, ao mesmo tempo, que esteja de acordo com a faixa etária na qual se encontram os alunos. Assim, segundo Campos, Bortoloto e Felício (2002),

> O jogo ganha um espaço como a ferramenta ideal da aprendizagem, na medida em que propõe estímulo ao interesse do estudante, desenvolve níveis diferentes de experiência pessoal e social, ajuda a construir suas novas descobertas, desenvolve e enriquece sua personalidade, e simboliza um instrumento pedagógico que leva o professor à condição de condutor, estimulador e avaliador da aprendizagem.

A inserção do lúdico em práticas educativas pode proporcionar uma série de vantagens e desvantagens que, com base em autores como Kishimoto (2009), Machado et al. (1990) e Corbalán (1996) e nas investigações de Grando (2000, p. 35), "devem ser refletidas e assumidas pelos educadores, ao se proporem a desenvolver um trabalho pedagógico, com os jogos".

Tendo como base as afirmações de Grando (2000), apontamos, nas figuras a seguir, de forma sintetizada e por meio de mapas conceituais, as vantagens e as desvantagens quanto à inserção do lúdico em contextos educacionais.

A Figura 1.1 apresenta, na forma de um mapa conceitual, algumas das vantagens da utilização de jogos educativos em práticas educativas tanto para o ensino de Química e Biologia quanto para o ensino de outras ciências.

## Figura 1.1 – Vantagens dos jogos educativos

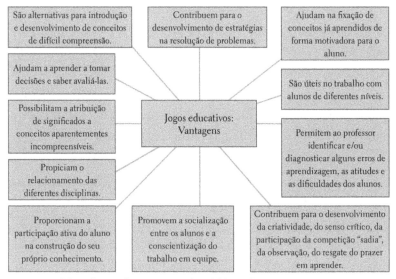

Fonte: Elaborado com base em Grando, 2000, p. 79-121.

O mapa conceitual da Figura 1.2 aponta algumas das desvantagens da utilização de jogos educativos em práticas de ensino, apresentadas mais como alerta aos professores que utilizam essa metodologia, pois compreendem situações possíveis de serem evitadas.

## Figura 1.2 – Desvantagens dos jogos educativos

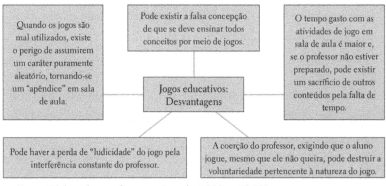

Fonte: Elaborado com base em Grando, 2000, p. 79-121.

Diante das vantagens proporcionadas pela utilização dos jogos em contextos educacionais e das desvantagens que apontam o professor como o principal responsável pelo sucesso ou insucesso dessa metodologia de ensino, torna-se fundamental elucidar que a opção pelo uso de jogos educativos como alternativa ao trabalho docente implica uma série de cuidados, principalmente com relação às regras exigidas para uma aplicabilidade efetiva. Assim, apresentamos a seguir os cuidados que o educador deve ter ao levar um jogo para a sala de aula.

## 1.5 Precauções na utilização de jogos como alternativa à prática docente

Os jogos no ensino de Química e Biologia podem introduzir uma linguagem específica, que aos poucos pode incorporar conceitos formais e apresentar informações importantes, levando o estudante a criar significados para os conceitos químicos e biológicos.

Segundo Moura (2009, p. 80),

> O jogo, como promotor da aprendizagem e do desenvolvimento, passa a ser considerado nas práticas escolares como importante aliado para o ensino, já que colocar o estudante diante de situações de jogo pode ser uma boa estratégia para aproximá-lo dos conteúdos culturais a serem veiculados na escola, além de poder estar promovendo o desenvolvimento de novas estruturas cognitivas.

Assim, esse importante aliado pode contribuir, em especial, para a aprendizagem de conceitos de química e de biologia, porém a aplicação de jogos em sala de aula exige que o professor tome alguns cuidados, como os examinados a seguir:

~ **Experimentação dos jogos** – É fundamental que o docente teste o jogo antes de levá-lo aos estudantes com o intuito de serem evitadas surpresas indesejáveis durante a execução da atividade, observando se as questões envolvidas estão corretas e se as peças do jogo estão completas. Experimentando o jogo, o educador pode, também, definir o número de grupos e de componentes que poderá formar para a efetivação da atividade, além de computar o tempo necessário para a realização dela.

~ **Síntese dos conteúdos mencionados em cada jogo** – Geralmente, o jogo é apresentado aos estudantes quando estes já têm conhecimento dos conteúdos envolvidos na atividade; portanto, antes de ser iniciado o jogo propriamente dito, é importante que o docente faça um comentário breve sobre os conteúdos que estarão presentes na atividade. Quando o jogo é utilizado como assunto introdutório, não há a necessidade dessa síntese.

~ **Verificação das regras** – Quando o estudante não compreende as regras, ele perde o interesse pelo jogo. Dessa forma, as normas devem ser bem claras e sem muita complexidade, a fim de motivar o aluno, buscando-se o seu interesse pelo desafio, pelo desejo de vencer e, consequentemente, pela aprendizagem.

~ **A pontuação nos jogos** – Esse requisito é muito importante, pois constitui um fator motivacional muito marcante, uma vez que provoca desafios dentro do jogo. A pontuação suscita no educando o sentimento de competição e, por não querer perder, ele se esforça para resolver a problemática do desafio, justamente para conseguir a melhor pontuação e vencer o jogo. Nessa disputa, o aluno se apropria dos conteúdos envolvidos no jogo com diversão.

~ **Proposta de atividades relacionadas aos conteúdos dos jogos** – Esse item é opcional, pois cada professor tem uma maneira de desenvolver as suas atividades e de conduzir as suas aulas, mas, dependendo do jogo desenvolvido com os estudantes, é interessante que o docente prepare antecipadamente algumas atividades relacionadas aos conteúdos envolvidos no jogo, para que este tenha realmente um valor significativo, um objetivo educacional e didático. No entanto, não podemos exagerar na quantidade de atividades, pois dessa forma o aluno também pode perder o interesse pelo jogo por sentir-se na obrigação de jogar apenas para aprender.

Se o professor tomar esses cuidados, perceberá que o jogo tem muito a contribuir no processo de ensino-aprendizagem.

## Síntese

Nosso objetivo neste capítulo foi o de apresentar aos leitores um embasamento teórico sobre a inserção do lúdico em contextos educacionais, em especial como recurso alternativo para a aprendizagem de conceitos de química e biologia, antes de apresentarmos os jogos propriamente ditos, previamente testados para a proposição neste livro.

Dessa forma, queremos deixar claro que os jogos educativos merecem um espaço maior no âmbito educacional, não só pela sua representatividade como material didático a ser utilizado como apoio às práticas pedagógicas como também pelo fato de propiciarem a instauração de ambientes motivadores e estimulantes, cuja ludicidade instiga os estudantes ao desejo de jogar e, consequentemente, de aprender.

Consideramos que o papel do professor nessa maneira diferenciada de envolver os alunos no processo de aprendizagem é essencial para que a aplicação dos jogos tenha significado para os alunos. Portanto, assim como o ensino de qualquer conteúdo de Química ou de Biologia, ou ainda de conteúdos de qualquer outra disciplina, requer planejamento, organização, análise e reflexão por parte do docente, também com a utilização de jogos é necessário observar atentamente todos esses requisitos.

A postura de um educador com opções paradigmáticas inovadoras, que leve em consideração o educando como um todo, de forma a atuar como mediador no processo de aprendizagem do estudante, pode levar este a adquirir confiança e, ao mesmo tempo, vontade de buscar mais do processo educativo. Assim, é importante que o docente leve para a sala de aula práticas inovadoras e agradáveis, em conformidade com o paradigma da complexidade, utilizando materiais didáticos diversificados, como o uso dos jogos educativos.

Vimos neste capítulo a importância da utilização de jogos no processo educativo para o ensino de Química e Biologia, compreendidos como fortes aliados nas práticas pedagógicas. Entendemos que a aplicação de jogos proporciona mais vantagens do que desvantagens e que, mesmo existindo, as desvantagens apresentadas dependem exclusivamente da postura do professor.

Esclarecemos também sobre os cuidados que o docente deve ter ao levar um jogo para ser trabalhado em sala de aula, pois, uma vez estabelecida a utilização de jogos em educação, vários fatores precisam ser objetos de reflexão. Aprender pode tornar-se tão divertido quanto brincar, e aprender com métodos e materiais didáticos interessantes é bem mais prazeroso. Portanto, temos aí um grande desafio para o educador: posicionar-se paradigmaticamente na busca por maior aproximação e interação com seus alunos, explorando suas ideias e promovendo a aquisição de novos conhecimentos.

# Indicações culturais

## Livros

KISHIMOTO, T. M. **O jogo e a educação infantil**. São Paulo: Pioneira Thomson Learning, 2002.

> Apesar de ser direcionado à educação infantil, esse livro traz abordagens significativas para os professores que utilizam jogos educativos em aulas. A autora apresenta as características do jogo e faz uma explanação bem interessante ao diferenciar o jogo, o brinquedo e a brincadeira.

SOARES, M. **Jogos para o ensino de Química**: teoria, métodos e aplicações. Guarapari: Ex Libris, 2008.

> Esse livro é direcionado especificamente à disciplina de Química, e nele é apresentado um referencial teórico sobre o lúdico no processo de ensino-aprendizagem, embasado em vários autores. O autor também discute os diferentes níveis de interação entre o jogador e o jogo, bem como descreve vários tipos de jogos que podem ser desenvolvidos no ensino de Química.

## *Sites*

MOCHO – Portal de Ensino das Ciências e de Cultura Científica. Disponível em: <http://www.mocho.pt/Ciencias/Quimica>. Acesso em: 25 ago. 2010.

> Esse portal apresenta uma variedade de jogos educativos direcionados tanto ao ensino de Química quanto ao ensino de Biologia, além de outras ciências. O portal traz várias seções interessantes, em que é possível

encontrar notícias da área, bem como literatura específica, materiais de divulgação científica, teses de mestrado e doutorado, entre outro conteúdos.

Só Biologia – Portal de Biologia e Ciências. Disponível em: <http://www.sobiologia.com.br>. Acesso em: 25 ago. 2010.

Nesse *site*, o professor poderá encontrar vários textos relacionados aos conteúdos de Biologia, exercícios resolvidos, provas de vestibulares, além de jogos simples e fáceis de serem desenvolvidos com os estudantes.

## Atividades de autoavaliação

1. Escreva V para as afirmativas verdadeiras e F para as falsas e, em seguida, assinale a opção que apresenta a sequência correta:

São vantagens da inserção do lúdico em contextos educacionais:

(   ) Propicia o relacionamento das diferentes disciplinas.

(   ) Permite ao professor identificar e diagnosticar alguns erros de aprendizagem, as atitudes e as dificuldades dos estudantes.

(   ) Proporciona a socialização entre os estudantes e a conscientização do trabalho em equipe.

(   ) Permite que o educador ensine todos os conteúdos apenas por meio de jogos.

(   ) Sana todas as dúvidas encontradas pelos alunos no processo de ensino-aprendizagem.

a) V, V, F, F, V.

b) F, F, V, F, V.

c) V, V, F, V, F.

d) V, V, V, F, F.

2. Considere as afirmativas a seguir e, em seguida, assinale a opção correta:

Com relação à utilização de jogos no ensino de Química e Biologia, podemos afirmar o seguinte:

I. Os jogos educativos são excelentes alternativas didáticas, pois o estudante constrói o seu conhecimento apenas por meio deles.

II. A aplicação de jogos aliados ao espírito lúdico, tanto no ensino de Química quanto no ensino de Biologia, pode constituir uma alternativa simples e relevante a ser utilizada como apoio ao processo de ensino-aprendizagem.

III. A utilização de jogos no ensino de Química e Biologia visa transportar para o ambiente escolar situações que valorizem e potencializem a construção do conhecimento, que facilitem o entendimento de determinados conteúdos e que motivem os estudantes e despertem seu interesse para a aprendizagem.

IV. A aplicação de jogos educativos não propicia uma interação natural entre os estudantes.

V. "Os jogos e brincadeiras são elementos muito valiosos no processo de apropriação do conhecimento. Permitem o desenvolvimento de competências no âmbito da comunicação, das relações interpessoais, da liderança e do trabalho em equipe, utilizando a relação entre cooperação e competição em um contexto formativo" (Brasil, 2006, p. 28).

a) Apenas as afirmativas I, II e III estão corretas.

b) Apenas as afirmativas II, III e V estão corretas.

c) Apenas as afirmativas II, III e IV estão corretas.

d) Apenas as afirmativas III, IV e V estão corretas.

3. Marque V para as afirmativas verdadeiras e F para as falsas e, em seguida, assinale a opção que apresenta a sequência correta:

A aplicação de jogos em sala de aula exige que o professor tome alguns cuidados, tais como:

( ) Propor uma lista intensa de atividades relacionadas aos conteúdos do jogo.

( ) Verificar as regras do jogo com antecedência.

( ) Explicar a pontuação do jogo, quando for o caso.

( ) Propor o jogo e aproveitar esse tempo para preparar aulas.

( ) Experimentar os jogos antes de sua aplicação.

a) F, F, V, V, F.
b) F, V, V, F, V.
c) V, F, V, F, V.
d) F, V, V, V, V.

4. Mudanças em práticas pedagógicas exigem a postura e o dinamismo de professores curiosos e entusiasmados, abertos a novas descobertas, que queiram motivar e dialogar e, principalmente, que trabalhem tendo como base um paradigma inovador ou da complexidade. Analise as afirmativas que seguem e, em seguida, assinale a opção correta com relação ao paradigma da complexidade:

I. O paradigma da complexidade desafia o professor a pensar e desenvolver sua práxis contemplando múltiplas tendências, a admitir e entender as conquistas dos diferentes períodos e a agregá-las à sua prática docente.

II. O paradigma da complexidade exige metodologias diferenciadas tanto no ato de ensinar quanto no ato de aprender.

III. O paradigma da complexidade propõe uma visão dualista e reducionista no processo de ensinar e aprender.

IV. O paradigma da complexidade propõe que o professor desenvolva a sua práxis contemplando uma forma mecânica de ensinar, baseada em repetições.

V. O paradigma da complexidade tem em vista a busca de uma prática pedagógica com novos métodos de ensinar e novas maneiras de resgatar o interesse do estudante pelo aprender.

a) Apenas as afirmativas I e II são falsas.
b) Apenas as afirmativas I, II e IV são verdadeiras.
c) Apenas a afirmativa I é falsa.
d) Apenas as afirmativas I, II e V são verdadeiras.

5. Preencha as lacunas com as palavras que melhor completam o trecho a seguir:

*As _____ representam o elemento marcante de um jogo educacional, pois a falta de _____ das normas pode prejudicar o funcionamento do jogo, tanto no que se refere aos _____ propostos pelo professor; quanto no que se refere à _____ como um todo, gerando _____ e até mesmo _____ indevidos por parte dos estudantes.*

Assinale a alternativa que indica a sequência correta:

a) Experimentações, entendimento, objetivos, organização, cansaço, comentários.
b) Regras, entendimento, conteúdos, explicação, cansaço, questionamentos.
c) Regras, clareza, objetivos, organização, indisciplina, questionamentos.
d) Sínteses, clareza, conteúdos, explicação, indisciplina, comentários.

# Atividades de aprendizagem

## Questões para reflexão

1. Qual é a sua opinião quanto à utilização de jogos educativos como alternativa pedagógica e de apoio à aprendizagem de Química e de Biologia?

2. Você considera que os jogos educativos podem contribuir para motivar os estudantes no processo de aprendizagem? Justifique.

## Atividades aplicadas: prática

1. Entreviste pelo menos três professores do ensino médio que já utilizaram jogos educativos. Ao elaborar a entrevista, priorize os seguintes questionamentos:
   ~ Tipos de jogos educativos utilizados pelo professor entrevistado (por exemplo: jogos de tabuleiro, jogos de cartas, jogos fora da sala de aula etc.).
   ~ Disciplinas e turmas em que esses jogos foram utilizados.
   ~ Vantagens e desvantagens na utilização de jogos educativos.

2. Faça um relatório da sua entrevista, destacando, principalmente, os questionamentos que propusemos.

# Capítulo 2

A realização deste capítulo tem como motivação uma necessidade crescente e atual de transformar materiais recicláveis em peças úteis, lúdicas, pedagógicas e divertidas, numa perspectiva de mudança de práticas: artística e econômica.

# Jogando com caixinhas de fósforo

*Diz-me, e eu esquecerei; ensina-me, e eu lembrar-me-ei;*
*envolve-me, e eu aprenderei.*
(Provérbio chinês)

A intenção é criar artigos originais, utilizando poucos recursos e muita criatividade. Partindo desses pressupostos, neste capítulo vamos confeccionar jogos com caixinhas de fósforo, entendendo-os como um recurso alternativo, mas que oferece as mesmas oportunidades de desenvolvimento que os jogos industrializados e, ao mesmo tempo, a ciência da capacidade de valorizar materiais reaproveitáveis.

No entanto, é válido ressaltar que, além da clareza que o educador precisa ter quanto aos seus objetivos na utilização dos jogos educativos, como vimos no capítulo anterior, é necessário que ele tenha também consciência de que a atividade com jogos é trabalhosa e exige tempo, tanto para a confecção dos jogos quanto para a escolha e a pesquisa de conteúdos apropriados e de jogos atraentes e significativos.

Além disso, "é importante que, para o professor, o objetivo e a ação em si a serem desencadeados pelo jogo, estejam bastante claros e tenham sido amplamente discutidos e delineados com seus colegas de trabalho, garantindo um trabalho interdisciplinar" (Grando, 2000, p. 51).

Portanto, para ajudar o educador nesse processo, sugerimos que a confecção dos jogos seja realizada em parceria com docentes de outras disciplinas, inclusive proporcionando a interdisciplinaridade, ou seja, professores de outras disciplinas podem auxiliar na confecção dos jogos aqui propostos.

Este capítulo apresenta dois jogos criados com o uso de caixinhas de fósforo: o **Jogo das Caixinhas** e o **Dominó Químico**. Esses dois jogos, assim como os demais que veremos a seguir, podem ser confeccionados tanto com a ajuda de outros professores, quanto com a ajuda dos próprios estudantes.

## 2.1 Jogo das Caixinhas

O texto que segue tem como fonte os livros: *Histologia básica*, de autoria de Luiz C. Junqueira e José Carneiro, 2008, 11ª edição; e *Biologia*, de César da Silva Júnior e Sezar Sasson, 2005, v. 1.

O trabalho com o Jogo das Caixinhas proposto neste capítulo traz como assunto uma das partes fundamentais da célula: o **citoplasma**, em especial as **organelas citoplasmáticas**, as quais são estruturas celulares que apresentam funções específicas para o funcionamento das células animal e vegetal.

O conteúdo sobre as organelas citoplasmáticas pode ser abordado especificamente durante as aulas de Biologia, de maneira a relacionar as funções dessas estruturas dentro do contexto celular. Além disso, a interdisciplinaridade promovida na interação com disciplinas como a Química e a Física contribui para o entendimento dos processos ocorridos no interior das células.

É importante ficar claro que "integrados aos conhecimentos gerados pela física e pela química, os conhecimentos atuais da Biologia impõem um novo conceito, em que a vida, enquanto fenômeno a ser investigado, passa a ser vista como verbo, como processo, como ação" (Costa; Costa, 2006, p. 9).

De acordo com Costa e Costa (2006, p. 9), essa nova visão sobre a vida exige do professor

> *uma mudança de metodologia no ensino: além de dar importância aos componentes que caracterizam a vida (os seus constituintes químicos, as organelas, as células, os tecidos etc.), ele deverá, agora, preocupar-se também com os "comportamentos" desses constituintes da vida, buscando tornar evidente aos seus estudantes os processos mais amplos em que eles estão envolvidos.*

Diante dessas concepções, entendemos que o estudo das organelas localizadas no citoplasma representa um conteúdo de grande importância para o conhecimento dos estudantes e pode ser desenvolvido pelo professor com o auxílio de jogos, ou seja, utilizando uma metodologia diferenciada que leve o aluno a relacionar cada componente do citoplasma com a sua respectiva função.

É necessário que o docente compreenda que a preocupação maior não é a memorização das organelas e as suas respectivas funções, mas a liberdade e a satisfação do estudante quando este tem a oportunidade de realizar uma atividade diferenciada, dinâmica e prazerosa.

Com esse intuito, apresentamos a seguir o Jogo das Caixinhas. Para facilitar o desenvolvimento desse jogo, o educador deve assegurar que o aluno tenha um conhecimento prévio das organelas celulares. Dessa forma, após a exposição dos objetivos do jogo, faremos uma breve revisão teórica desse assunto.

Ressaltamos, entretanto, que esse jogo também pode ser utilizado como introdução ao conteúdo, ou seja, lançado mesmo antes do conhecimento do assunto para que os estudantes tentem montar as caixinhas por meio de questionamentos entre eles ou, até mesmo, mediante pesquisa em livro.

## 2.1.1 Objetivos do jogo

Os objetivos propostos para o Jogo das Caixinhas são:

~ revisar e/ou sintetizar as funções das organelas celulares;
~ pesquisar as organelas celulares e as suas funções (se o jogo for utilizado como introdução ao conteúdo);
~ associar as gravuras das organelas com as suas características e os seus nomes;
~ valorizar o trabalho em equipe;
~ trabalhar com limite de tempo;
~ desenvolver o espírito de cooperação;
~ expressar ideias e sentimentos;
~ abstrair significados.

## 2.1.2 Conteúdos de biologia: organelas citoplasmáticas

Nosso organismo é formado por vários órgãos, cada qual com uma determinada função. Em nosso organismo existem também estruturas muito menores – as células –, que só podem ser vistas pelo microscópio.

De acordo com Junqueira e Carneiro (2008, p. 23), "as células são as unidades funcionais e estruturais dos seres vivos. Apesar da grande variedade de animais, plantas, fungos, protistas e bactérias, existem somente dois tipos básicos de células: as **procariontes** e as **eucariontes**".

A célula procariótica é bem mais simples do que a célula eucariótica e é encontrada nas bactérias e nas algas azuis (cianofíceas), que também são consideradas bactérias. Assim, a maioria dos organismos vivos é constituída de células eucarióticas, com maior complexidade.

As células eucariontes apresentam duas partes fundamentais: o **citoplasma** e o **núcleo**. Além disso, existe um constituinte mais externo que é denominado *membrana plasmática* e que compreende o limite entre o interior e o exterior da célula.

Junqueira e Carneiro (2008, p. 23) explicam que "no citoplasma estão localizados o citoesqueleto, as organelas e os depósitos ou inclusões, geralmente temporários, de hidratos de carbono, proteínas, lipídios ou pigmentos". Entre as organelas e os depósitos, existe um espaço que é preenchido pela matriz citoplasmática ou citosol, que, de acordo com Junqueira e Carneiro (2008), tem consistência variável e contém diversas substâncias, como aminoácidos, proteínas, outras macromoléculas, nutrientes energéticos e íons.

Como o conteúdo proposto para o Jogo das Caixinhas refere-se às organelas, na sequência trataremos desse assunto em especial apresentando o citoplasma dos eucariontes animal e vegetal com as organelas e suas devidas funções.

### Mitocôndrias

As mitocôndrias são organelas que tendem a acumular-se em locais do citoplasma em que o gasto de energia é mais intenso. Conforme apontam Junqueira e Carneiro (2008), elas são esféricas ou alongadas e medem de 0,5 a 1,0 µm de largura e até 10 µm de comprimento.

Essas organelas são responsáveis pela respiração celular e a sua função é a liberação de energia indispensável à vida. As mitocôndrias são responsáveis também por muitos processos catabólicos fundamentais para a obtenção de energia para a célula, como a β-oxidação de ácidos graxos, o ciclo de Krebs e a cadeia respiratória.

As mitocôndrias são constituídas por duas membranas lipoproteicas: uma membrana interna, que apresenta projeções para o interior das organelas, denominada *cristas mitocondriais*, e uma membrana externa, que é lisa, semelhante às demais membranas celulares.

Figura 2.1 – Mitocôndria

O interior das mitocôndrias é preenchido pela matriz mitocondrial, um líquido viscoso que contém diversas enzimas, DNA, RNA e ribossomos. As mitocôndrias transformam a energia química contida nos metabólitos citoplasmáticos em energia facilmente utilizável pela célula.

Junqueira e Carneiro (2008) explicam que aproximadamente 50% dessa energia são armazenados nas ligações fosfato do ATP, ou adenosina trifosfato, e os 50% restantes são difundidos para as demais regiões da célula, fornecendo a energia utilizada para manter a temperatura do corpo.

### Retículo endoplasmático

O retículo endoplasmático compreende uma rede de vesículas achatadas, vesículas redondas e túbulos interligados. Em alguns locais, a superfície externa da membrana do retículo endoplasmático encontra-se recoberta por polirribossomos que sintetizam proteínas, o que possibilita a distinção entre dois tipos de retículo endoplasmático: liso e rugoso.

## Retículo endoplasmático liso

O retículo endoplasmático liso não apresenta ribossomos e a disposição de sua membrana é geralmente sob a forma de túbulos. Essa organela participa de diversos processos funcionais conforme o tipo de célula.

**Figura 2.2 – Retículo endoplasmático liso**

Entre as funções do retículo endoplasmático liso podemos citar: armazenamento de substâncias produzidas; síntese de fosfolipídios para todas as membranas celulares; participação na neutralização de substâncias tóxicas, tais como drogas e venenos, entre outras.

## Retículo endoplasmático rugoso

O retículo endoplasmático rugoso é abundante nas células especializadas em secreção de proteínas, formado por cisternas saculares ou achatadas e limitadas por membrana contínua com a membrana externa do envoltório nuclear. O retículo endoplasmático rugoso recebe essa designação em razão da presença de polirribossomos na superfície citossólica da membrana (ver Figura 2.3):

Figura 2.3 – Retículo endoplasmático rugoso

Vecton/Shutterstock

A principal função dessa organela é sintetizar proteínas que são destinadas à exportação ou então para uso intracelular. Junqueira e Carneiro (2008) apontam outras funções do retículo endoplasmático rugoso, como a glicosilação inicial das glicoproteínas, a síntese das proteínas integrais da membrana e a montagem de moléculas proteicas com múltiplas cadeias polipeptídicas.

Ribossomos

Os ribossomos constituem pequenas partículas que medem de 20 a 30 nm (nanômetro). Essas partículas são compostas de quatro tipos de RNA ribossomal (rRNA) e também cerca de 80 proteínas diferentes, de acordo com Junqueira e Carneiro (2008). Os autores explicam que existem dois tipos de ribossomos: os que são encontrados nas células procariontes (bactérias), nos cloroplastos e nas mitocôndrias e os que ocorrem em todas as células eucariontes (Junqueira; Carneiro, 2008).

Figura 2.4 – Ribossomo

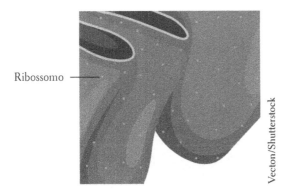

Ribossomo

Vecton/Shutterstock

Silva Júnior e Sasson (2005a, p. 132) esclarecem que os ribossomos são formados por duas subunidades de tamanhos diferentes e que podem ser encontrados livres no hialoplasma, presos às membranas do retículo endoplasmático ou, ainda, aderidos à face externa do envoltório nuclear*.

Mergulhados diretamente no citoplasma, os ribossomos podem estar unidos uns aos outros por uma molécula de RNA mensageiro e, nesse caso, são chamados *polirribossomos*.

Segundo Junqueira e Carneiro (2008, p. 33), "a mensagem contida no mRNA (RNA mensageiro) é o código para a sequência de aminoácidos na molécula proteica que está sendo sintetizada" e os ribossomos desempenham um papel de grande importância na decodificação, ou tradução, da mensagem para a síntese proteica.

**Complexo golgiense**

O complexo golgiense compreende um conjunto de vesículas achatadas e empilhadas que apresenta as porções laterais dilatadas. Junqueira e Carneiro (2008) esclarecem que o complexo golgiense empacota e coloca um endereço nas moléculas sintetizadas pela célula, encaminhando-as

---

* Envoltório nuclear é a membrana nuclear das células eucarióticas.

principalmente para as vesículas de secreção, para os lisossomos ou para a membrana celular.

Figura 2.5 – Complexo golgiense

Como dissemos anteriormente, o retículo endoplasmático rugoso é responsável pela síntese de proteínas, e as proteínas sintetizadas nesse retículo são transferidas para o complexo golgiense por meio de pequenas vesículas que se destacam de uma parte do retículo endoplasmático, migrando e fundindo-se com as membranas do complexo golgiense.

Entre as funções dessa organela podemos citar algumas apontadas por Silva Júnior e Sasson (2005a, p. 133): secreção da célula de ácino pancreático; secreção de muco nas células caliciformes do intestino; síntese de polissacarídeos; produção do acrossomo; produção de lisossomos, entre outras.

### Lisossomos

Os lisossomos são vesículas delimitadas por membrana lipoproteica que contêm mais de 40 enzimas heletrolíticas com a função de digestão intracitoplasmática. Junqueira e Carneiro (2008) esclarecem que, em geral, os lisossomos são esféricos, com aspecto granuloso e diâmetro de 0,05 a 0,5 μm.

Figura 2.6 – Lisossomo

A membrana dos lisossomos se apresenta como uma barreira que impede que suas enzimas ataquem o citoplasma. Além disso, o pH do citosol, que é aproximadamente 7,2, constitui uma defesa adicional, protegendo a célula contra a ação das enzimas que, por acidente, poderiam escapar do lisossomo para o citosol.

As enzimas mais comuns dos lisossomos são: fosfatase ácida, ribonuclease, desoxirribonuclease, protease, sulfatase, lipase e beta-glicuronidase. Estas são segregadas no retículo endoplasmático rugoso e transportadas para o complexo golgiense, no qual elas são então modificadas e empacotadas nas vesículas que constituem os lisossomos primários, ou seja, os lisossomos que ainda não estão participando do processo digestivo.

Por meio dos fagossomos (vesículas que se formam pela fagocitose), partículas do meio extracelular são introduzidas na célula. De acordo com Junqueira e Carneiro (2008), a membrana dos lisossomos primários funde-se com a dos fagossomos, misturando as enzimas com o material a ser digerido, formando o lisossomo secundário.

As moléculas provenientes da digestão no interior do lisossomo difundem-se por meio da membrana dessa organela e entram no citosol, onde são utilizadas pelo metabolismo celular.

Peroxissomos

Os **peroxissomos** são organelas esféricas que modificam substâncias tóxicas, tornando-as inofensivas para a célula. Essas organelas utilizam grandes quantidades de oxigênio e receberam esse nome porque oxidam substratos orgânicos específicos, retirando átomos de hidrogênio e combinando-os com oxigênio molecular ($O_2$). O resultado dessa combinação é o peróxido de hidrogênio ($H_2O_2$), conhecido popularmente por *água oxigenada* – uma substância oxidante e prejudicial à célula.

Figura 2.7 – Peroxissomo

O peróxido de hidrogênio é eliminado por uma enzima existente no peroxissomo, a catalase. Essa enzima utiliza o oxigênio do peróxido de hidrogênio e transforma-o em água ($H_2O$) para oxidar diversos substratos orgânicos. Faz ainda a decomposição do peróxido de hidrogênio em água e oxigênio, conforme a reação que segue:

$$2H_2O_2 \text{ catalase} \rightarrow 2H_2O + O_2$$

As enzimas mais encontradas nos peroxissomos humanos são: urato oxidase, D-amino-ácido oxidase e catalase. Uma das funções dos peroxissomos é desenvolvida no fígado, pois participam da síntese de ácidos biliares e colesterol, bem como têm importante papel na destruição de moléculas tóxicas, como o álcool ingerido pelo ser humano.

## Centríolos

Os centríolos compreendem organelas em forma de bastonetes e são encontrados tipicamente nas células animais. Cada centríolo é formado por nove túbulos triplos, ligados entre si e que se apresentam dispostos de maneira a formar um cilindro.

**Figura 2.8 – Centríolo**

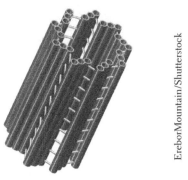

ErebornMountain/Shutterstock

Os centríolos são compostos principalmente por microtúbulos curtos e altamente organizados. Essas organelas exercem função importante, pois participam da divisão celular. As células que não entram em divisão apresentam um único par de centríolos, sendo cada par disposto em ângulo reto, um em relação ao outro.

No entanto, na fase que precede a mitose, ou seja, quando a célula começa a fazer sua divisão, cada centríolo se duplica, formando-se, assim, dois pares. Durante a mitose, cada par de centríolos se movimenta para cada polo da célula, tornando-se um centro de organização do fuso mitótico.

## Plastos

As organelas citoplasmáticas presentes apenas em células vegetais são denominadas *plastos*, os quais se subdividem em três grupos: os leucoplastos, os cromoplastos e os cloroplastos.

**Figura 2.9 – Plasto**

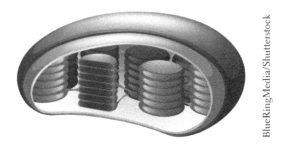

Os **leucoplastos** são incolores e relacionados frequentemente à reserva de alimentos – como no caso do amiloplasto, um leucoplasto que armazena amido e que é encontrado em tecidos de reservas vegetais.

Os **cromoplastos** apresentam pigmentos. Podemos citar como exemplo os xantoplastos (apresentam em seu interior a xantofila, um pigmento carotenoide de cor amarela) e os eritroplastos (apresentam licopeno, um pigmento carotenoide de cor vermelha).

Os **cloroplastos** contêm clorofila, um pigmento verde cuja função é absorver a energia luminosa. Os cloroplastos são responsáveis pela realização da fotossíntese, que consiste no processo pelo qual o gás carbônico ($CO_2$) e a água ($H_2O$) reagem formando glicídios e gás oxigênio ($O_2$); e, para que ocorra essa reação, é necessária a presença da luz.

## Vacúolos

Podemos dizer que vacúolo é qualquer espaço no citoplasma delimitado por membrana lipoproteica. As variedades mais comuns são os vacúolos relacionados à digestão intracelular, os contráteis e os vegetais; aqui, vamos detalhar um pouco mais os vacúolos da célula vegetal.

**Figura 2.10 – Vacúolo**

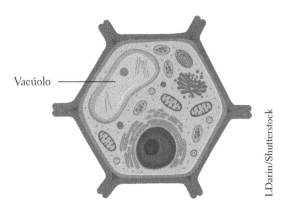

A maioria das células vegetais adultas apresenta um grande vacúolo central o qual compreende uma bolsa membranosa repleta de solução aquosa que chega a ocupar até 80% do volume celular. A solução aquosa do vacúolo vegetal contém íons inorgânicos, sacarose e aminoácidos, entre outros componentes.

Os vacúolos vegetais se formam a partir de bolsas do retículo endoplasmático ou do complexo golgiense. É importante ficar claro que os vacúolos das células vegetais jovens são pequenos e aumentam progressivamente de tamanho até se fundirem, constituindo, assim, um único vacúolo na região central da célula.

O vacúolo das células vegetais é envolvido por uma membrana denominada *tonoplasto*, que tem a mesma constituição básica das demais membranas. O tonoplasto desempenha função importante na regulação osmótica das células.

### 2.1.3 Confecção do jogo

Para confeccionarmos o Jogo das Caixinhas, são necessários os seguintes itens:

~ 10 caixas de fósforos pequenas e vazias;
~ 10 figuras compreendendo as seguintes organelas: retículo endoplasmático rugoso, retículo endoplasmático liso, complexo golgiense, ribossomos, leucoplastos, cloroplastos, mitocôndrias, vacúolos, centríolos e peroxissomos (essas figuras serão recortadas conforme o tamanho da caixa de fósforos e coladas na tampa desta);
~ 10 pedaços de papel, cada um indicando o nome de uma função para cada organela citada (essas funções serão escritas manualmente ou impressas em papel sulfite para serem recortadas e encaixadas na parte interna da caixa de fósforos);
~ 10 pedaços de papel, cada um indicando o nome de uma organela (os nomes das organelas serão também escritos manualmente ou impressos em papel sulfite e em seguida recortados no tamanho da caixa de fósforos).

De posse dos materiais, o professor deve fazer o seguinte: abrir as 10 caixas de fósforo, separando a caixinha da tampa; colar as figuras na parte superior da tampa da caixinha; colar as funções de cada organela na parte interior da caixinha (uma função em cada caixa); por último, elaborar 10 papeletes com os nomes das organelas, utilizando como medida a caixinha de fósforo.

## 2.1.4 Modelo do Jogo das Caixinhas

Apresentamos a seguir imagens demonstrativas como modelos para o Jogo das Caixinhas. Na Figura 2.11 constam as imagens das organelas celulares que serão utilizadas no jogo; a Figura 2.12 mostra como fica a colocação das imagens das organelas na parte externa das caixinhas; na Figura 2.13 apontamos algumas das funções das respectivas organelas que devem ser indicadas na parte interna das caixinhas; e a Figura 2.14 traz os nomes das organelas registradas em papeletes, correspondentes à imagem de cada organela.

**Figura 2.11 – Imagens das organelas celulares**

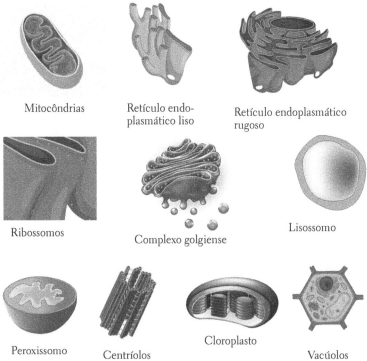

Na imagem anterior, apresentamos como sugestão as organelas celulares a serem utilizadas no Jogo das Caixinhas, mas aproveitamos para ressaltar que o professor pode adaptar esse jogo a outros conteúdos, utilizando, por exemplo, imagens do reino das plantas, dos animais, entre outras.

Para a disciplina de Química, podem ser explorados os elementos da tabela periódica, utilizando-se imagens que relacionam cada elemento a aplicações do cotidiano; imagens tanto de aplicações no dia a dia quanto de fórmulas da química orgânica ou inorgânica, entre outras.

**Figura 2.12** – Modelo para as tampas das caixinhas com o desenho das organelas

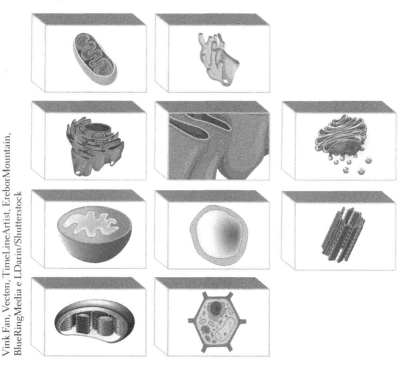

A Figura 2.12 demonstra como ficam as imagens das organelas celulares recortadas no tamanho das caixinhas e coladas na parte externa. Sugerimos a impressão das organelas em colorido, pois o material fica mais atraente para os estudantes. Outra sugestão é passar uma fita adesiva larga para aumentar a durabilidade das peças.

**Figura 2.13 – Parte interna das caixinhas com as funções das organelas**

A Figura 2.13 apresenta os papeletes com as funções das organelas celulares já colados na parte interna das caixinhas. Essas funções podem ser digitadas e impressas em papel sulfite ou mesmo escritas à mão em qualquer papel. Devem ser recortadas no tamanho da caixinha e, depois, coladas.

## Figura 2.14 – Papeletes com os nomes das organelas

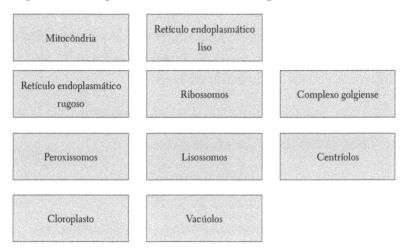

A Figura 2.14 mostra os papeletes confeccionados no tamanho da caixinha de fósforo, com os respectivos nomes das organelas apresentadas na Figura 2.11.

### 2.1.5 Regras do jogo

As regras do Jogo das Caixinhas são as seguintes:

- ~ Cada equipe deve ter 4 alunos.
- ~ Cada equipe tem um conjunto completo das caixinhas do jogo.
- ~ As caixinhas, suas devidas tampas e os papeletes com os nomes das organelas são espalhados sobre a mesa.
- ~ A princípio, as equipes têm 10 minutos para encaixar as funções de cada organela com a tampa correspondente à figura que a representa e colocar na tampa da caixinha o nome da organela correspondente.
- ~ Após os 10 minutos, o professor pede aos estudantes que parem o jogo. Esse tempo é aplicado para que se realize a socialização da equipe.

~ Em seguida, antes de ser iniciada uma nova rodada, o educador pergunta aos alunos se as regras estão claras e se não há nenhuma dúvida.

~ Cada encaixe correto vale 10 pontos.

~ É dado então, pelo professor, um novo tempo, agora reduzido para 5 minutos.

~ Ao sinal do docente, todos iniciam o jogo e, depois, um novo sinal é dado para que os alunos parem o jogo.

~ Vence a equipe que encaixar corretamente o maior número de caixinhas correspondentes às imagens das organelas e aos seus nomes nas tampas das caixas.

~ Cabe ao educador fazer a conferência dos encaixes das caixinhas; no entanto, se a sala for numerosa, o professor pode estipular, previamente, um condutor (que terá a resposta para os encaixes) para cada equipe, o qual ficará responsável pela conferência.

Esse jogo pode ser utilizado como método avaliativo. Para tanto, o professor deve combinar isso com alunos antes de iniciar o jogo, deixando muito claro para todos como será a atribuição de notas. Por exemplo: como são 10 caixinhas, a nota pode ser de 0 a 10.

## 2.2 Dominó Químico

Ao longo do processo de ensino-aprendizagem de Química, o estudante encontra uma vasta quantidade de símbolos, nomes, fórmulas etc. que dificultam a aprendizagem e provocam certo desprazer, além de outros fatores relatados no âmbito do Grupo de Pesquisa de Educação Química, como: "uma carga horária reduzida, laboratórios, em geral, precariamente equipados" (citado por Junqueira; Carneiro, 2008, p. 12), privando os estudantes de se familiarizarem com as expressões envolvidas nessa ciência e as suas aplicações no dia a dia. Mesmo assim, segundo Maldaner (2003, p. 97):

> *Não podemos esquecer [...] que temos uma função especial com complexo da produção do conhecimento químico. Somos professores de Química, ou melhor, educadores químicos e, nesse sentido, o nosso conhecimento é de natureza especial. Mais que fazer "avançar" o conhecimento químico específico, temos o compromisso de recriá-lo em ambiente escolar e na mente das gerações jovens da humanidade.*

Nesse contexto e buscando uma alternativa para melhorar as dificuldades apontadas neste início de capítulo, propomos ao professor a utilização do **Dominó Químico**, o qual, por propiciar o desenvolvimento de uma atividade lúdica, pode motivar o estudante, promovendo a sua participação efetiva na busca do conhecimento.

O dominó convencional é um dos jogos mais antigos e atraentes que a humanidade conhece – um tipo de jogo de mesa que não tem origem esclarecida. É conhecido por vários povos e por esse motivo apresenta muitas variações.

Constituído de 28 peças, o dominó convencional pode ser encontrado nas mais diversas formas: madeira, papelão, resina, plástico ou outro material qualquer. Nesse estilo de jogo, cujas peças trazem um formato retangular, temos uma linha divisória no meio de cada peça e cada parte apresenta uma numeração entre zero e seis, representada por pontos.

Para o Dominó Químico, utilizamos também as 28 peças e adaptamos os pontos que representam números, substituindo-os pelas funções inorgânicas (ácidos e bases) e destacando a nomenclatura dessas funções. Assim, de um lado das peças do dominó temos a fórmula e, do outro,. o nome da fórmula.

## 2.2.1 Objetivos do jogo

Os objetivos a serem alcançados com a aplicação do Dominó Químico são:

~ associar fórmulas químicas com suas nomenclaturas;

~ revisar as nomenclaturas das funções ácidos e bases;

~ exercitar a memória e o raciocínio;

~ trabalhar com a existência de regras;

~ melhorar a capacidade do aluno de se relacionar em grupo.

### 2.2.2 Conteúdos de química: funções químicas – ácidos e bases

Para facilitar o estudo das substâncias químicas, foi preciso dividi-las em grupos, os quais são chamados, atualmente, de *funções químicas*. Segundo Feltre (2004a, p. 188), "função química é um conjunto de substâncias com propriedades químicas semelhantes, denominadas propriedades funcionais".

A maioria dos livros didáticos de Química traz como principais funções químicas os ácidos, as bases, os sais e os óxidos. Para a aplicação do Dominó Químico, utilizaremos apenas duas dessas funções: ácidos e bases. Tanto os ácidos quanto as bases são muito presentes em nosso cotidiano.

Como exemplos de ácidos podemos citar, entre outros, o ácido cítrico ($C_6H_8O_7$), presente nas frutas cítricas como limão e laranja, e o ácido sulfúrico ($H_2SO_4$), utilizado em indústrias petroquímicas na fabricação de fertilizantes.

Os exemplos mais comuns de bases são: o hidróxido de sódio (NaOH), um dos constituintes dos líquidos de limpeza doméstica; o hidróxido de amônio ($NH_4OH$), presente em substâncias usadas para desentupir pias; e o hidróxido de magnésio ($Mg(OH)_2$), também conhecido como *leite de magnésia*, que é utilizado para combater a acidez estomacal.

Os ácidos e as bases são também muito usados nas indústrias químicas para a produção de novos materiais. Portanto, o conhecimento dessas funções inorgânicas, ou seja, das funções originárias dos minerais, é de grande relevância para o estudante.

As definições apresentadas nos livros didáticos atuais são baseadas no ponto de vista de Svante August Arrhenius (1825-1923), químico sueco que, mediante a realização de vários experimentos ligados à passagem de corrente elétrica por meio de soluções aquosas, chegou à conclusão de que a condutibilidade elétrica das soluções tem relação com a presença de íons livres.

Feltre (2004a, p. 191) apresenta a definição de Arrhenius para ácidos da seguinte maneira: "Ácidos são compostos que em solução aquosa se ionizam, produzindo como íon positivo apenas cátion hidrogênio ($H^+$)". Segundo o autor, essa definição não é rigorosamente correta, pois, para ele, "em solução aquosa, o cátion $H^+$ se une a uma molécula de água formando o íon $H_3O^+$, chamado de hidrônio ou hidroxiônio" (Feltre, 2004a, p. 191).

A definição de bases para Feltre (2004a, p. 198), levando em consideração as bases de Arrhenius, é que "Bases ou hidróxidos são compostos que, por dissociação iônica, liberam, como íon negativo, apenas o ânion hidróxido ($OH^-$), também chamado de oxidrila ou hidroxila".

Apresentaremos na sequência as nomenclaturas para os ácidos e as bases que serão utilizadas no Dominó Químico, as quais são embasadas nos estudos de Peruzzo e Canto (2003), pois trazem uma linguagem clara e de fácil entendimento.

### Nomenclatura dos ácidos

De acordo com Peruzzo e Canto (2003, p. 170), "os ácidos podem ser divididos em dois grupos: os que não contêm oxigênio (não oxigenados) e os que contêm (oxigenados)". A nomenclatura para os ácidos pertencentes a cada um desses dois grupos segue regras diferentes, as quais serão apresentadas a seguir.

a) **Hidrácidos ou ácidos não oxigenados** – São os ácidos sem a presença do oxigênio e seus nomes são escritos do seguinte modo:

**ácido + nome do elemento + ídrico**

Exemplos:
HCl – ácido clorídrico
HBr – ácido bromídrico
$H_2S$ – ácido sulfídrico
HCN – ácido cianídrico

b) **Oxiácidos ou ácidos oxigenados** – São os ácidos que contêm oxigênio. Peruzzo e Canto (2003) explicam que existem várias maneiras para dar nome aos ácidos que contêm oxigênio. Aquela que os autores consideram ser a mais prática requer o conhecimento de alguns ácidos, cuja terminação é -ico. Ácidos com essa terminação podem ser considerados ácidos-padrão. Veja os exemplos:

| Grupo 14 – (C) | Grupo 15 – (N, P, As) | Grupo 16 – (S, Se) | Grupo 17 – (Cl, Br, I) |
|---|---|---|---|
| $H_2CO_3$ | $HNO_3$    $H_3PO_4$ | $H_2SO_4$ | $HClO_3$ |
| Ácido Carbônico | Ácido Nítrico   Ácido Fosfórico | Ácido Sulfúrico | Ácido Clórico |

A partir dos ácidos-padrão, conforme acrescentamos ou retiramos oxigênios, é possível obter fórmulas de outros ácidos. Observe a explicação a seguir:

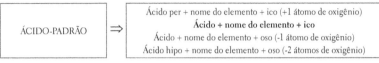

Exemplos de oxiácidos:

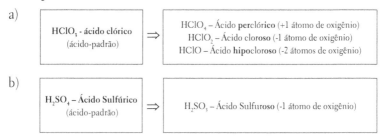

Peruzzo e Canto (2003) explicam ainda que na nomenclatura dos ácidos encontramos prefixos diferentes, atribuídos em função do grau de hidratação; o prefixo **-orto** é utilizado para o ácido-padrão. Por exemplo:

$H_3PO_4$
Ácido ortofosfórico

$2\ H_3PO_4 - H_2O = H_4P_2O$
Ácido pirofosfórico

$H_3PO_4 - H_2O = HPO$
Ácido metafosfórico

**Nomenclatura das bases**

A nomenclatura das bases é mais simples e as fórmulas são escritas da seguinte maneira:

hidróxido de    nome do cátion

**Exemplos**:

$Na^+ OH^- \leftrightarrow NaOH$ – hidróxido de sódio
$Ca^{2+} OH^- \leftrightarrow CaOH$ – hidróxido de cálcio
$Fe^{2+} OH^- \leftrightarrow Fe(OH)_2$ – hidróxido de ferro II
$Fe3^+ OH^- \leftrightarrow Fe(OH)_3$ – hidróxido de ferro III

Obs.: Os algarismos romanos são usados apenas para os elementos que formam cátions diferentes.

Após a explanação sobre ácidos e bases, bem como sua nomenclatura, que constituem os conteúdos básicos para a aplicação do Dominó Químico, apresentamos a seguir como confeccionar o jogo, suas regras e seu modelo.

### 2.2.3 Confecção do jogo

Para a confecção do Dominó Químico, são necessários os materiais listados a seguir:

~ 28 caixinhas de fósforos;
~ cola e tesoura;
~ papel colorido (cor opcional) para encapar as caixinhas;
~ 28 retângulos de papel na medida da parte externa das caixinhas nas quais serão escritas as fórmulas e os nomes de 28 substâncias compreendendo ácidos e bases;
~ canetas coloridas.

Vale ressaltar que o professor pode pedir ajuda aos estudantes na confecção desse jogo. Para facilitar a construção do Dominó Químico, elaboramos um passo a passo indicando os procedimentos a serem seguidos: colar a parte interna das caixinhas, fixando-a de modo que uma parte não se separe da outra e que seja fornecida sustentação às caixas; encapar as caixinhas; recortar os retângulos de papel na medida da parte externa das caixinhas; dividir os retângulos ao meio com canetinhas coloridas; em um lado, escrever as fórmulas das substâncias e, no outro, os nomes das substâncias escolhidas pelo educador.

## 2.2.4 Modelo do Dominó Químico

Apresentamos na sequência o modelo do Dominó Químico, no qual utilizamos as funções inorgânicas da química ácidos e bases. Contudo, o professor pode variar esse jogo usando outros conteúdos, inclusive os de biologia.

### Figura 2.15 – Modelo do Dominó Químico

| | | | | | |
|---|---|---|---|---|---|
| Ácido Clorídrico | Ácido Sulfúrico | $H_2SO_4$ | Ácido Nítrico | $HNO_3$ | Ácido Fluorídrico |
| HF | Ácido Carbônico | $H_2CO_3$ | Ácido Fosfórico | $H_3PO_2$ | Ácido Acético |
| $CH_3COOH$ | Ácido Clórico | $HClO_3$ | Ácido Cianídrico | HCN | Ácido Fosforoso |
| $H_3PO_2$ | Ácido Perclórico | $HClO_4$ | Ácido Nitroso | $HNO_2$ | Ácido Bromídrico |
| HBr | Ácido Iódico | $HIO_3$ | Ácido Sulfuroso | $H_2SO_3$ | Ácido Sulfídrico |
| $H_2S$ | Ácido Iodídrico | HI | Ácido Hipocloroso | HClO | Hidróxido de Sódio |
| NaOH | Hidróxido de Cálcio | $Ca(OH)_2$ | Hidróxido de Magnésio | $Mg(OH)_2$ | Hidróxido de Amônio |
| $NH_3OH$ | Hidróxido de Alumínio | $Al(OH)_3$ | Hidróxido de Ferro II | $Fe(OH)_2$ | Hidróxido de Cobre I |
| CuOH | Hidróxido de Lítio | LiOH | Hidróxido de Potássio | KOH | Hidróxido de Bário |
| $Ba(OH)_2$ | HCl | | | | |

## 2.2.5 Regras do jogo

As regras do Dominó Químico são muito parecidas com as regras do dominó convencional; entretanto, para facilitar o trabalho do professor, elaboramos as seguintes regras:

~ Devem ser formadas equipes de 4 participantes.

~ As peças (caixinhas) são viradas para baixo e misturadas.

~ Cada participante pega 7 peças, procurando não mostrá-las aos demais.

~ Começa o jogo quem tiver a seguinte peça: ácido clorídrico de um lado e ácido sulfúrico do outro. O jogo segue em sentido horário.

~ O estudante que começa o jogo coloca uma peça do dominó em um dos lados da peça inicial, a que contenha a fórmula correspondente a um dos ácidos.

~ Os encaixes devem ser feitos sempre de modo a estabelecer a correspondência entre a fórmula e o nome da substância.

~ Se o estudante não tiver uma peça que se encaixe em um dos lados da série, a vez deve ser passada para o aluno da sequência.

~ Vence o jogo o participante que encaixar todas as peças que pegou, ou seja, as 7 peças.

Pode acontecer de o jogo ficar travado, isto é, todos os estudantes acabam por passar a vez, por não terem peças para encaixar. Caso isso ocorra, vence o aluno que tiver a maior soma de átomos em suas mãos. Se, ainda assim, houver empate, os educandos podem fazer a disputa do par ou ímpar. Essa finalização fica a critério do professor, mas é preciso que fique tudo esclarecido antes do início do jogo.

# Síntese

Percebemos, neste capítulo, que não são necessários muitos recursos para diversificarmos nossa prática pedagógica e que a utilização de materiais didáticos simples e de baixo custo pode proporcionar uma aula prazerosa e atrativa.

As caixinhas de fósforo podem ser um material alternativo, coletado até mesmo pelos estudantes, tornando-se um recurso didático riquíssimo e capaz de contribuir com a aprendizagem. Cabe ressaltar, porém, que o jogo educativo não pode ser utilizado como substituto de outras metodologias de ensino, mas sim com a função de instrumento motivador e interessante para o aluno e como suporte para o professor.

Com caixinhas de fósforo, criamos dois jogos diferentes que podem potencializar a construção do conhecimento dos educandos, mas, para que isso ocorra, é preciso que o docente tenha vontade e interesse para ousar. Corforme Ribeiro (2009, p. 140), é preciso que o professor tenha "coragem para enfrentar as ambiguidades que o jogo oferece e estimular sua utilização de acordo com os objetivos pretendidos, e ainda estar preparado para intervir de acordo com a incerteza da resposta" dos estudantes.

# Indicações culturais

### Livros

KRASILCHIK, M. **Prática de ensino de Biologia**. 4. ed. São Paulo: Edusp, 2008.

> Esse livro apresenta várias tendências e concepções educacionais para a aprendizagem de Biologia. Em sua quarta edição, a obra constitui

um excelente instrumento de estudo com atividades práticas, além de orientação para o trabalho docente. Os textos e os exercícios encontram-se relacionados à evolução da ciência e às novas propostas curriculares; é um livro que contribui para o ensino de biologia e a formação de docentes.

PITOMBO, L. R. de M.; MARCONDES, M. E. R. (COORD.). **Química e a sobrevivência**: hidrosfera – fonte de materiais. São Paulo: Edusp, 2005.

Elaborado pelo Grupo de Pesquisa em Educação Química (Gepeq) da Universidade de São Paulo, nesse livro o Gepeq tem como objetivo mostrar a contribuição do conhecimento químico para a sobrevivência do ser humano. Assim, apresenta a hidrosfera como fonte de materiais, abordando a origem e a evolução da hidrosfera; a salinidade como forma de expressar a quantidade de sais dissolvidos nas águas naturais; as características da água, capazes de possibilitar as interações e as transformações no planeta Terra.

## Sites

BIÓLOGO.COM.BR. Disponível em: <http://www.biologo.com.br>. Acesso em: 1º set. 2010.

Esse *site* traz notícias atuais e variadas direcionadas à área de biologia. Apresenta também quatro seções – "Áreas", "Instituições", "Temas" e "Especiais" –, com uma vasta quantidade de informações, que são classificadas em ordem alfabética. Muito importante para o professor, que deve manter-se atualizado com relação a eventos nessa área.

MUNDO EDUCAÇÃO. **Química**. Disponível em: <http://www.mundo educacao.com.br/quimica>. Acesso em: 1º set. 2010.

Esse *site* oferece os conteúdos de várias disciplinas, inclusive Biologia e Química. Apresenta curiosidades em diversas áreas e artigos relacionados.

## Atividades de autoavaliação

1. Com relação ao Jogo das Caixinhas, escreva V para afirmações verdadeiras e F para as falsas. Em seguida, assinale a opção que apresenta a sequência correta:

( ) O Jogo das Caixinhas é composto por 12 caixinhas.

( ) No Jogo das Caixinhas, o estudante tem um tempo para sociabilizar-se com os conteúdos envolvidos.

( ) O objetivo do Jogo das Caixinhas é apenas revisar e/ou sintetizar as funções das organelas celulares.

( ) Vence o Jogo das Caixinhas a equipe que mais encaixar corretamente o nome da organela, com sua devida função e imagem.

( ) O Jogo das Caixinhas pode ser utilizado como método avaliativo.

a) V, V, V, F, F.
b) F, V, V, F, V.
c) F, V, V, V, F.
d) F, V, F, V, V.

2. Em relação ao jogo Dominó Químico, escreva V para as afirmações verdadeiras e F para as falsas. Em seguida, assinale a opção que apresenta a sequência correta:

(  ) O Dominó Químico é uma atividade lúdica que pode motivar o estudante, promovendo a participação efetiva deste na busca pelo conhecimento.

(  ) O Dominó Químico é composto por 30 peças e a proposta de conteúdo para esse jogo refere-se às funções inorgânicas.

(  ) O objetivo desse jogo é somente revisar as nomenclaturas das funções, ácidos e bases.

(  ) O jogo consta de 4 participantes e são distribuídas 7 peças para cada um.

(  ) Vence o jogo o estudante que descarregar todas as peças das mãos.

a)  V, V, F, F, V.
b)  V, F, F, V, V.
c)  F, V, V, F, V.
d)  V, F, V, F, V.

3. Escreva V para as afirmações verdadeiras e F para as falsas e, em seguida, assinale a opção que apresenta a sequência correta.

Com caixinhas de fósforo criamos jogos diferentes que podem potencializar a construção do conhecimento dos estudantes, mas, para que isso ocorra, é preciso vontade e interesse para ousar. Do ponto de vista de Ribeiro (2009, p. 140), é preciso que o professor:

(  ) tenha coragem para enfrentar as ambiguidades que o jogo oferece e estimular a sua utilização de acordo com os objetivos pretendidos.

(  ) esteja preparado para intervir de acordo com a incerteza das respostas dos estudantes.

(  ) utilize jogos educativos como substitutos de outras metodologias de ensino.

( ) deixe o estudante jogar em todas as aulas, pois só assim este se manterá motivado.

( ) utilize jogos educativos para apresentar e/ou desenvolver todos os conteúdos propostos para o ano letivo.

a) V, V, F, F, F.
b) V, V, V, V, F.
c) F, F, V, V, V.
d) F, V, F, V, V.

4. Analise as afirmativas que seguem com relação ao Jogo das Caixinhas e ao Dominó Químico. Em seguida, assinale a opção que apresenta a resposta correta:

I. Além da clareza que o professor precisa ter quanto aos seus objetivos na utilização dos jogos educativos, é necessário que ele tenha também consciência de que a atividade com jogos é trabalhosa e exige tempo tanto para a confecção dos jogos quanto para a escolha e a pesquisa de conteúdos apropriados e de jogos atraentes e significativos.

II. Ao longo do processo de ensino-aprendizagem de Química, o estudante encontra uma vasta quantidade de símbolos, nomes, fórmulas etc., mas isso não dificulta a sua aprendizagem, pelo contrário, provoca-lhe muito interesse e prazer.

III. Carga horária reduzida e laboratórios em geral precariamente equipados podem privar os alunos de se familiarizarem com as expressões envolvidas nessa ciência e as suas aplicações no dia a dia.

IV. As caixinhas de fósforo podem ser utilizadas como material alternativo, coletado até mesmo pelos educandos, tornando-se um recurso didático riquíssimo e capaz de contribuir com a aprendizagem.

V. A utilização de materiais didáticos simples e de baixo custo pode dificultar o desenvolvimento de uma aula prazerosa e atrativa.

a) Apenas as afirmativas I, II e V estão corretas.
b) Apenas as afirmativas I, III e IV estão corretas.
c) Apenas as afirmativas IV e V estão corretas.
d) Todas as afirmativas estão corretas.

5. Assinale a opção que melhor completa o seguinte trecho:

*É importante ficar claro ao professor que a preocupação maior não é a _____ das organelas e suas respectivas funções, mas a _____ e _____ do estudante quando este tem a _____ de realizar uma atividade diferenciada, dinâmica e prazerosa.*

a) escolha, memorização, compreensão, certeza.
b) memorização, incerteza, preocupação, necessidade.
c) escolha, incapacidade, incerteza, obrigação.
d) memorização, liberdade, satisfação, oportunidade.

## Atividades de aprendizagem

### Questões para reflexão

1. O retículo endoplasmático liso tem como uma de suas funções a desintoxicação do organismo e é abundante principalmente em células do fígado e das gônadas. Com base nessa afirmação, responda:

a) O que a ingestão em excesso ou com frequência de drogas, como sedativos e álcool, pode induzir no retículo endoplasmático liso? Quais as causas disso?

b) Faça um comentário explicando o retículo endoplasmático e a tolerância ao álcool.

2. Escolha pelo menos quatro ácidos e quatro bases e pesquise a sua aplicabilidade no cotidiano.

**Atividades aplicadas: prática**

As atividades propostas podem ser realizadas em grupos de até cinco estudantes.

1. Crie a planilha de um jogo educativo confeccionado em material reciclável, podendo ser utilizadas caixinhas de fósforo, conforme a proposta do capítulo.

Sugestão: utilize a pesquisa que você realizou em atividades de aprendizagem para os conteúdos de seu jogo.

2. Confeccione o jogo educativo de acordo com a sua planilha.

Capítulo 3

O jogo de baralho pode ser realizado de inúmeras formas, com regras simples ou de extrema dificuldade, o que possibilita ao estudante momentos emocionantes. Além disso, essa modalidade de jogo apresenta um grande atrativo – a adaptabilidade –, o que significa que pode ser utilizada nas mais diversas variações, como pôquer, buraco, rouba-montes, mico, Pif-Paf e tranca.

# Jogando com as cartas

> *Ensinar exige compreender que a educação é uma*
> *forma de intervenção no mundo.*
> (Freire, 1996, p. 98)

Jogar cartas é sempre muito divertido e prazeroso, visto que os jogadores demonstram seu entusiasmo arquitetando planos para vencer. Os truques e as estratégias existentes entre os adversários durante o jogo de cartas constituem um fator de grande diferencial, que provoca, muitas vezes, surpresas entre os jogadores.

Segundo Menegazzo (2010), "os jogos de cartas na escola propiciam a interação e o confronto das diferentes formas de pensar. Através dos jogos pode ser provocado o pensamento abstrato pela sequência de regras a ser seguidas, fazendo com que haja grandes momentos de concentração e imaginação para realizar uma jogada".

Dessa forma, apresentamos neste capítulo o **Jogo do Mico** e o **Pif-Paf de Química**, dois jogos de cartas que, de forma discreta e audaciosa, podem instigar o estudante a conhecer melhor os conteúdos de química e biologia tão presentes em nosso cotidiano.

# 3.1 Jogo do Mico

O jogo do mico é um jogo de cartas de origem desconhecida no qual o objetivo é formar pares e descartá-los, sempre na tentativa de se fazer o maior número de pares possíveis. Trata-se de um jogo de cartas que não exige um número específico de participantes e que utiliza o baralho convencional, porém excluindo-se os curingas.

No entanto, a adaptação desse jogo para o aprimoramento de conhecimentos relacionados à disciplina de Biologia levou-nos à redução do número de cartas, ou seja, as 52 cartas utilizadas para o jogo do mico original foram reduzidas para 20 visando contemplar o assunto aqui proposto: as vitaminas.

Segundo Bontempo (2005, p. 57), "a melhor maneira de obter as vitaminas necessárias é por meio de um cardápio bem equilibrado, que contenha alimentos na forma mais natural possível. Dessa maneira, estamos certos de obter as vitaminas e sais minerais cuja necessidade é reconhecida". Sabe-se que a carência de vitaminas pode causar uma enfermidade conhecida como *avitaminose* e que várias doenças são associadas a essa enfermidade.

Dessa maneira, entendemos que o estudante precisa obter conhecimentos sobre a importância das vitaminas para os seres vivos, bem como sobre as doenças que podem surgir em decorrência de sua falta e sobre as fontes naturais que podem evitar tais doenças. Para tanto, propomos, nesse jogo, que o aluno relacione as vitaminas – representadas por dez das cartas – com as principais funções, carências e fontes dessas vitaminas – representadas pelas outras dez cartas. Como essas fontes são as mesmas para algumas vitaminas, o diferencial nas relações das cartas ficará a critério das funções e das carências das vitaminas.

### 3.1.1 Objetivos do jogo

Os objetivos propostos para o jogo do mico que aborda conteúdos de biologia são:

~ complementar os conteúdos de biologia, a fim de aprimorar os conhecimentos do estudante;
~ propiciar a vivência de momentos de entusiasmo;
~ integrar e socializar os alunos;
~ levar o educando a trabalhar com a existência de regras;
~ exercitar a memória e o raciocínio.

### 3.1.2 Conteúdos de biologia: vitaminas

Sizer e Whitney (2003, p. 110) definem vitaminas como compostos orgânicos que são vitais para a vida e indispensáveis para as funções orgânicas, mas necessários apenas em quantidades pequenas; são nutrientes essenciais não calóricos. Como cada vitamina tem um papel biológico específico, uma não pode substituir a função de outra diferente. As vitaminas podem ser classificadas de acordo com a solubilidade: **lipossolúveis** (solúveis em substâncias graxas), como as vitaminas A, D, E, K, e **hidrossolúveis** (solúveis em água), como a vitamina C e as do complexo B.

Mesmo sendo essenciais à saúde, as vitaminas não são fabricadas pelo organismo; além disso, a maioria delas precisa ser ingerida diariamente por nosso organismo por meio da alimentação. Citamos a seguir as 10 vitaminas mais comuns, apresentando suas principais funções, fontes e manifestações de carência, de acordo as informações de Von Eye (2002).

1. **Vitamina A** – É importante para as funções da retina, principalmente para a visão noturna. Pode ser encontrada no leite e em seus derivados, em ovos, no fígado, na cenoura etc. Sua carência causa cegueira noturna e rachaduras da pele.
2. **Vitamina D** – É responsável pela absorção de cálcio e pela ossificação. Pode ser encontrada no óleo de fígado de bacalhau, no leite e em seus derivados, na gema de ovo e no fígado de vaca. Sua carência causa o raquitismo, entre outras doenças.
3. **Vitamina E** – Atua como agente antioxidante natural. Pode ser encontrada em cereais, hortaliças com folhas verdes, legumes, óleos vegetais, laticínios, gema de ovo, amendoim etc. Sua carência pode causar esterilidade, anemia, lesões musculares e nervosas.
4. **Vitamina K** – A sua principal função é a coagulação do sangue. Pode ser encontrada em laticínios, no fígado, em carnes, frutas, hortaliças, chás e muitos outros alimentos. Ela é sintetizada no intestino por bactérias. Sua carência pode causar dificuldade de coagulação do sangue, levando a hemorragias.
5. **Vitamina B1** – Atua principalmente no metabolismo energético dos açúcares. Pode ser encontrada em cereais integrais ou enriquecidos, no feijão, no fígado, em carnes, legumes e frutas, na gema de ovo e na soja. Sua carência causa inflamação nos nervos, paralisia e atrofia muscular (beribéri).
6. **Niacina** – Influencia a formação de colágenos e a pigmentação da pele provocada pela irradiação ultravioleta. Pode ser encontrada em cereais integrais ou enriquecidos, no café, em folhas, no feijão, no fígado, em legumes, no amendoim, na carne e em ovos. Sua carência causa lesões na pele e no sistema nervoso, como dermatite, diarreia e demência.

7. **Vitamina B6** – Interfere no metabolismo das proteínas, das gorduras e do triptofano. Pode ser encontrada em cereais integrais ou enriquecidos, em ovos e laticínios, na carne, no fígado, na banana e em verduras. Sua carência causa lesões na pele, nos nervos e nos músculos.

8. **Vitamina B12** – É essencial para o crescimento de replicação celular e importante para a formação das hemácias. Pode ser encontrada em carnes, no fígado, em ovos e laticínios. Sua carência causa anemia perniciosa e lesões nos nervos.

9. **Ácido fólico** – Atua na transformação e na síntese de proteínas. Pode ser encontrada em hortaliças, legumes e ovos, no fígado, na carne, em cereais integrais ou enriquecidos, em frutas, no amendoim e no feijão. Sua carência causa anemia e diarreia.

10. **Vitamina C** – Aumenta a absorção de ferro pelo intestino. Pode ser encontrada em diversas frutas (goiaba, caju, laranja, limão, manga, acerola, morango), no pimentão, no brócolis, na couve e em diversas outras hortaliças. Sua carência provoca baixa imunidade, inchações e dores musculares.

### 3.1.3 Confecção do jogo

Passemos para a confecção do jogo do mico. Os materiais necessários para confeccionar esse jogo são os seguintes:

~ cartolina (pode ser branca ou colorida), que será utilizada para registrar os nomes de 10 tipos de vitaminas com suas devidas fontes e carências;

~ tesoura;

~ canetas hidrocor;

~ 10 adesivos com desenhos de mico para enfeitar o verso da carta (opcional).

Os procedimentos para a confecção do jogo do mico seguem as seguintes orientações: utilizando uma cartolina, recortar 20 retângulos com 57 mm de largura por 89 mm de altura. Desses retângulos recortados, 10 serão utilizados para registrar as vitaminas e os outros 10 serão utilizados para registrar as funções, as carências e as fontes das vitaminas. Podem ser usadas as canetas hidrocor coloridas para registrar os nomes das vitaminas, bem como suas funções, carências e fontes.

### 3.1.4 Modelo do Jogo do Mico

Apresentamos a seguir as cartas do jogo do mico, com as devidas vitaminas (Figura 3.1), e as cartas que contêm as descrições de cada uma, isto é, importância, fonte e carência de cada vitamina (Figura 3.2). No entanto, o professor pode desenvolver outros conteúdos com esse jogo.

**Figura 3.1 – Cartas com as vitaminas**

| Vitamina A | Vitamina D | Vitamina E | Vitamina K | Vitamina B1 |
|------------|------------|------------|------------|-------------|
| Niacina | Vitamina B6 | Vitamina B12 | Ácido Fólico | Vitamina C |

Fonte: Sizer; Whitney, 2003, p. 210-227.

# Figura 3.2 – Descrições (importância, carência e fontes)

| | | | | |
|---|---|---|---|---|
| Importante para funções da retina. Carência: cegueira noturna. Fontes: leite, ovos, fígado, cenoura. | Responsável pela absorção de cálcio. Carência: raquitismo. Fontes: óleo de fígado de bacalhau, fígado de boi. | Atua como agente antioxidante natural. Carência: esterilidade. Fontes: cereais, folhas verdes, amendoim | Principal função: coagulação do sangue. Carência: hemorragias. Fontes: laticínios, carnes, frutas. | Atua no metabolismo energético dos açúcares. Carência: beribéri. Fontes: cereais integrais, feijão, frutas. |
| Influência na formação de colágenos. Carência: dermatite, diarreia e demência. Fontes: café, folhas, feijão. | Interfere no metabolismo das proteínas, das gorduras e do triptofano. Carência: lesões na pele, nervos. Fontes: cereais integrais, ovos. | Importante para a formação das hemácias. Carência: anemia perniciosa. Fontes: carnes, fígado, ovos. | Atua na transformação e síntese de proteínas. Carência: anemia, diarreia. Fontes: hortaliças, legumes, frutas. | Aumenta a absorção de ferro pelo intestino. Carência: baixa imunidade. Fontes: frutas, pimentão, brócolis. |

Fonte: SIZER; WHITNEY, 2003, p. 210-227.

## 3.1.5 Regras do jogo

A seguir, indicamos as regras do Jogo do Mico:

~ Os alunos devem organizar-se em duplas.

~ A dupla decide quem vai ser o carteador jogando par ou ímpar ou por meio de sorteio, como desejarem.

~ O carteador escolhido ou sorteado embaralha as cartas, tira uma delas e, sem olhá-la, coloca-a na mesa virada para baixo, pois essa carta corresponde àquela que ficará sem par (o mico).

~ Em seguida, o carteador distribui 5 cartas para cada um, e as demais são espalhadas na mesa, também voltadas para baixo.

~ A dupla decide quem começa o jogo.

~ Para dar início ao jogo, um integrante pega uma carta da mesa. À medida que os estudantes forem formando pares (vitamina – função, carência e fontes), estes devem ser descartados na mesa. As cartas que ainda não formaram pares continuam nas mãos dos jogadores até que se formem pares com todas.

Jogos no ensino de Química e Biologia ~ 97

~ Agora é a vez do oponente, que segue as mesmas instruções, e assim sucessivamente.

~ Vence o jogo quem fizer o maior número de pares, porém a carta que sobrar é a do mico do jogo.

## 3.2 Pif-Paf de Química

No jogo Pif-Paf de Química, cada estudante é responsável pelo conhecimento dos conteúdos envolvidos no jogo, pois não há parcerias; trata-se de um jogo em que o bom observador cria as estratégias a serem utilizadas para vencer.

Embora seja atribuída a esse jogo uma origem indefinida e existam jogos muito parecidos em outros países, pesquisas indicam que o mais provável é que seja mesmo uma criação brasileira.

Esse jogo normalmente é disputado com a utilização de dois baralhos, com exceção dos curingas. Partindo do princípio de que "as pessoas elaboram o novo conhecimento e o entendimento com base no que já sabem e naquilo em que acreditam" (Bransford; Brown; Cocking, 2007, p. 27), vamos utilizar o jogo Pif-Paf como uma opção diferente para relacionar, fixar e/ou revisar alguns metais importantes, bem como os semimetais, os não metais e os gases nobres, isto é, algumas das classificações da tabela periódica.

Adaptamos o Pif-Paf aos conteúdos de química citados, porém é essencial que o professor faça um breve comentário para recordar esses conteúdos. Portanto, em auxílio ao trabalho do educador, apresentamos uma breve revisão do assunto na sequência.

É válido ressaltar também a importância e a relevância de se propor ao estudante um jogo que explore a tabela periódica, pois, compreendendo a sua organização, torna-se "possível retirar inúmeras informações e prever facilmente algumas propriedades dos elementos. Assim, o ensino da tabela periódica não pode deixar de se iniciar pelo estudo da sua organização" (Ramos, 2004, p. 49).

### 3.2.1 Objetivos do jogo

Os objetivos propostos para o Pif-Paf de Química são:

~ facilitar a aprendizagem;
~ estimular o raciocínio lógico;
~ aperfeiçoar a capacidade de concentração;
~ exercitar a memória e o raciocínio;
~ revisar o conteúdo químico proposto, aprimorando esses conhecimentos.

### 3.2.2 Conteúdos de química: classificação dos elementos

Se agruparmos os elementos da tabela periódica de acordo com a **distribuição eletrônica** desses elementos, podemos classificá-los em: elementos representativos (quando a distribuição termina em $s$ ou $p$), elementos de transição (quando a distribuição eletrônica termina em $d$) e elementos de transição interna (quando a distribuição eletrônica termina em $f$).

Outra forma de tratarmos os elementos da tabela periódica é agrupando-os de acordo com as suas propriedades físicas e químicas. Dessa maneira, eles podem ser classificados em: metais, semimetais, não metais e gases nobres. O hidrogênio não faz parte dessa classificação; apesar de aparecer na coluna 1 da tabela periódica, ele não é considerado um metal alcalino. Segundo Feltre (2004a, p. 115), "o hidrogênio é tão diferente de todos os demais elementos químicos que, em algumas classificações, preferem colocá-lo fora da Tabela Periódica". Dessa forma, esse elemento, apesar de ser comentado no texto, não faz parte do jogo Pif-Paf de Química.

Vamos então conhecer um pouco mais sobre essa classificação tomando como base Usberco e Salvador (2001).

~ **Metais** – Os metais representam dois terços dos elementos da tabela periódica. Eles conduzem eletricidade e calor; são maleáveis, dúcteis e usados em moedas e joias. Os metais que trabalhamos nesse jogo são: lítio, sódio, potássio, rubídio, césio, frâncio, berílio, magnésio, cálcio, estrôncio, bário, rádio, escândio, titânio, vanádio, cromo, manganês, ferro, cobalto, níquel, cobre, zinco, gálio, índio, tálio, alumínio, estanho e chumbo.

~ **Não metais** – Contando com onze elementos na tabela periódica, os não metais têm as seguintes propriedades mais importantes: não dispõem de brilho; não são condutores de corrente elétrica; fragmentam-se; são utilizados na produção de pólvora e na fabricação de pneus. São não metais: carbono, nitrogênio, oxigênio, flúor, fósforo, enxofre, cloro, selênio, bromo, iodo e ástato.

~ **Semimetais** – Sete elementos compõem o grupo dos semimetais e, entre as suas propriedades mais importantes, destacam-se: a presença de brilho metálico; a baixa condutibilidade elétrica; o fato de poderem ser fragmentados. Os semimetais presentes no Pif-Paf de Química compreendem: boro, silício, germânio, arsênio, antimônio, telúrio e polônio.

~ **Gases nobres** – Os gases nobres são representados por sete elementos e, como o próprio nome sugere, nas condições ambientes, apresentam-se no estado gasoso. De acordo com Usberco e Salvador (2001, p. 61), "a sua principal característica química é a grande estabilidade, ou seja, possuem pequena capacidade de se combinar com outros elementos". Utilizamos os gases nobres: hélio, neônio, argônio, kriprônio, xenônio e radônio.

~ **Hidrogênio** – Usberco e Salvador (2001, p. 61) explicam que o hidrogênio "É um elemento atípico, possuindo a propriedade de se combinar com metais, não metais e semimetais. Nas condições ambientes, é um gás extremamente inflamável". O hidrogênio liquefeito é utilizado como combustível de foguetes.

### 3.2.3 Confecção do jogo

Para a confecção do Pif-Paf de Química, são necessários os materiais da lista que segue:

~ cartolina;

~ tesoura;

~ canetas coloridas, com quatro cores, por exemplo: vermelha, verde, preta e azul.

De posse desse material, orientamos que o professor observe os seguintes procedimentos, considerando as medidas em tamanho normal de uma carta de baralho convencional: recortar 104 retângulos com as medidas de 5,5 cm de largura por 8,5 cm de altura; escrever os metais escolhidos na cor vermelha, os semimetais na cor verde, os não metais em preto e os gases nobres em azul. Para esse jogo é necessário confeccionar dois baralhos iguais.

### 3.2.4 Modelo do Pif-Paf de Química

O modelo do Pif-Paf de Química indicado na sequência contém todas as cartas do jogo, apresentadas, nesse caso, em preto e branco. É importante que na confecção do jogo o professor use cores diferentes para dividir os grupos. Como sugerido na descrição dos procedimento, as cartas correspondentes ao grupo dos metais podem ser escritas em vermelho, os semimetais podem ser escritos em verde, os não metais em preto e os gases nobres em azul. Isso facilita o desenvolvimento do jogo e também a compreensão por parte dos estudantes.

Jogos no ensino de Química e Biologia ~ 101

## Figura 3.3 – Cartas do Pif-Paf de Química[*]

| | | | | | |
|---|---|---|---|---|---|
| Li<br>Lítio | Na<br>Sódio | K<br>Potássio | Rb<br>Rubídio | Cs<br>Césio | Fr<br>Frâncio |
| Be<br>Berílio | Mg<br>Magnésio | Ca<br>Cálcio | Sr<br>Estrôncio | Ba<br>Bário | Ra<br>Rádio |
| Sc<br>Escândio | Ti<br>Titânio | V<br>Vanádio | Cr<br>Cromo | Mn<br>Manganês | Fe<br>Ferro |
| Co<br>Cobalto | Ni<br>Níquel | Cu<br>Cobre | Zn<br>Zinco | Ga<br>Gálio | In<br>Índio |
| Tl<br>Tálio | Al<br>Alumínio | Sn<br>Estanho | Pb<br>Chumbo | C<br>Carbono | N<br>Nitrogênio |
| O<br>Oxigênio | F<br>Flúor | P<br>Fósforo | S<br>Enxofre | Cl<br>Cloro | Se<br>Selênio |
| Br<br>Bromo | I<br>Iodo | At<br>Astato | B<br>Boro | Si<br>Silício | Ge<br>Germânio |
| As<br>Arsênio | Sb<br>Antimônio | Te<br>Telúrio | Po<br>Polônio | H<br>Hélio | Ne<br>Neônio |
| Ar<br>Argônio | Kr<br>Kriptonio | Xe<br>Xenônio | Rn<br>Radônio | | |

⬜ Metais (vermelho)  ◼ Não metais (preto)
◼ Semimetais (verde)  ⬜ Gases nobres (azul)

[*] Nesta figura, as cartas são apresentadas em tamanho reduzido.

### 3.2.5 Regras do jogo

O professor deve observar atentamente as regras do Pif-Paf de Química, pois é um jogo que exige um pouco mais de atenção dos estudantes por apresentar regras mais minuciosas. Apresentamos também, na sequência, a proposta de pontuação para esse jogo.

~ O Pif-Paf de Química pode ser jogado por grupos de 4 a 8 participantes.

~ Os 2 jogos de baralhos são colocados na mesa.

~ Um dos baralhos é usado para designar quem dará as cartas, ou seja, cada participante pega uma carta do monte escolhido e aquele que tirar uma carta diferente de todos é quem dará as cartas. Se uma rodada não for suficiente, faz-se necessária uma nova rodada, até que isso aconteça. Por exemplo: se 3 participantes tirarem metal e apenas 1 tirar não metal, este último é quem dará as cartas.

~ O aluno que dará as cartas deve embaralhar os 2 baralhos juntos e distribuir 9 cartas para cada participante.

~ De posse das cartas, cada participante observa se já tem formação para o início do jogo, colocando os metais lado a lado e fazendo o mesmo com os não metais, os semimetais e os gases nobres.

~ Inicia a jogada o participante que estiver imediatamente à direita do carteador.

~ O iniciante do jogo compra uma carta do monte, o qual deve ficar voltado para baixo.

~ Se a carta lhe servir, o iniciante fica com ela e descarta a que não lhe favorece.

~ O próximo jogador pode comprar a carta que foi descartada pelo iniciante ou, se esta não lhe servir, comprar uma do monte e assim sucessivamente.

~ O jogo se compõe da seguinte formação: combinação de 3 cartas (trinca).

~ Formações do jogo: combinação de uma **trinca** – 3 cartas cujos elementos pertençam à mesma classificação – ou **sequência** – 3 cartas dispostas sequencialmente nesta exata ordem: metal, semimetal e não metal. Ou seja, os naipes são substituídos pelas classificações.

~ Ganha a rodada o jogador que formar 3 trincas, porém, em razão da porcentagem maior de metais, o estudante só pode formar 2 trincas utilizando elementos dessa classificação e 1 trinca utilizando elementos de outra classificação, além das 3 sequências; no entanto, a sequência também pode ser combinada com 1 ou 2 trincas, dependendo da estratégia de formação de cada aluno.

## Pontuação*

~ Cada participante inicia o jogo com 10 pontos.

~ O jogador que bater com 9 cartas, ou seja, 3 trincas ou 3 sequências ou ainda trincas combinadas com sequências, permanece com a pontuação atual e os demais perdem 1 ponto cada um.

~ O participante que bater com as 10 cartas permanece com a pontuação atual e os demais perdem 2 pontos cada. Como acontece isso? São estratégias do jogo: às vezes, o estudante já está com a partida ganha em mãos, mas prefere esperar aparecer outra carta de mesma classificação para bater com as 10 cartas, pois assim ganha mais pontos.

~ Vence o jogo quem fizer o maior número de pontos.

~ O professor estipula quantas rodadas serão necessárias para o jogo, conforme seu objetivo na aula.

---

* A pontuação pode ser anotada no caderno do estudante.

# Síntese

Como jogar cartas é uma atividade divertida, interessante e atrativa, possibilita momentos prazerosos e uma socialização muito grande. O estudante aprende brincando, pois sua atenção encontra-se voltada ao jogo. Por meio de jogos com cartas, o aluno busca muitas alternativas, usa o raciocínio para desenvolver estratégias, sempre no intuito de vencer. E, nessa situação do querer vencer, ele acaba refazendo conceitos e, sem perceber, aprende.

Os jogos apresentados neste capítulo envolveram assuntos de grande relevância para o processo de ensino-aprendizagem em Química; portanto, todas as formas de ensinar utilizadas pelo professor precisam ser levadas em consideração, principalmente as que conduzem o educando a se sentir motivado para aprender.

Sabemos que os jogos com cartas são muito comuns no meio estudantil e a atração dos alunos por esse tipo de jogo é enorme. Nesse contexto, entendemos que lançar mão desse método de ensino é pertinente e pode contribuir para a aprendizagem do educando, mesmo que seja utilizado apenas para revisar ou reforçar conteúdos.

## Indicações culturais

### Livros

COSTA, V. R. DA.; COSTA, E. V. DA. (ORG.). **Biologia**: ensino médio. Brasília: MEC/SEB, 2006. (Coleção Explorando o Ensino; v. 6).

Esse livro faz parte da Coleção Explorando o Ensino: Biologia, proposta pela Secretaria de Educação Básica do Ministério da Educação.

Encontra-se organizado em blocos temáticos, com temas atuais, científicos e pedagógicos relacionados à disciplina de Biologia.

STRATHERN, P. **O sonho de Mendeleiev**: a verdadeira história da química. Tradução de Maria Luiza X. de A. Borges. Rio de Janeiro: J. Zahar, 2002.

Nesse livro, o autor traz um histórico sobre a busca dos elementos químicos de forma bem-humorada, explicando também as sucessivas descobertas no campo da química, incluindo as biografias de vários cientistas.

## Sites

CENTRO DE ESTUDOS DO GENOMA HUMANO. **Educação/Difusão**. Disponível em: <http://genoma.ib.usp.br/educacao/materiais_didaticos.html>. Acesso em: 15 set. 2010.

Esse *site* apresenta vários materiais didáticos, entre eles jogos com cartas, tais como: Cara a Cara com a Célula, Jogo das Calorias e Baralho Celular.

CHIMIE DE A a Z. **Tabela periódica**. Disponível em: <http://prof mokeur.ca/quimicap/quimicap.htm>. Acesso em: 15 set. 2010.

Nesse *site*, o professor encontra uma tabela periódica interativa, atualizada pela União Internacional de Química Pura e Aplicada (Iupac – International Union of Pure and Applied Chemistry), que permite a visualização de várias características dos elementos químicos.

QUIPROCURA QUÍMICA. Disponível em: <http://www.quiprocura.net>. Acesso em: 15 set. 2010.

Endereço eletrônico voltado para o ensino de Química, trazendo várias informações sobre a tabela periódica, como histórico dos elementos, aplicação e descrição dos grupos. Apresenta uma tabela interativa para *download*, além de uma série de matérias, textos, novidades e curiosidades.

## Atividades de autoavaliação

1. Em relação ao jogo do mico, marque V para afirmações verdadeiras e F para falsas e, depois, assinale a opção que apresenta a sequência correta:

   ( ) O jogo do mico é um jogo de cartas de origem desconhecida.

   ( ) O objetivo nesse jogo é formar pares e descartá-los, sempre na tentativa de se fazer o maior número de pares possíveis.

   ( ) É um jogo de cartas que não exige um número específico de participantes.

   ( ) É um jogo que utiliza o baralho convencional, inclusive os curingas.

   ( ) O professor deve usar sempre a quantidade de cartas do baralho convencional para esse tipo de jogo, ou seja, 52 cartas.

   a) F, V, F, V, V.
   b) V, V, V, F, F.
   c) V, V, F, V, F.
   d) V, V, F, F, V.

2. Com relação à utilização dos jogos no processo de ensino-aprendizagem, analise as afirmações que seguem e, em seguida, assinale a alternativa correta:

I. Os jogos ajudam a exercitar a memória e o raciocínio.

II. Ao jogar, os estudantes vivenciam momentos de entusiasmo e socialização.

III. A utilização de jogos inibe o aluno, dificultando a sua aprendizagem.

IV. Os educandos apresentam extrema dificuldade quando o professor utiliza os jogos como material de apoio.

a) Apenas as afirmativas II e III são incorretas.

b) Apenas as afirmativas I e II são corretas.

c) Todas as afirmativas são corretas.

d) Apenas uma das afirmativas é correta.

3. Em relação ao jogo Pif-Paf de Química, marque V para afirmações verdadeiras e F para as falsas e, em seguida, assinale a opção que apresenta a sequência correta:

(  ) O interessante nesse jogo é que o estudante joga individualmente, sem parcerias.

(  ) Nessa atividade, o estudante torna-se responsável pelo conhecimento dos conteúdos, bem como pela habilidade e pela estratégia a serem usadas, caso faça um bom uso da observação.

(  ) Pesquisas indicam que o mais provável é que o Pif-Paf seja uma criação estadunidense.

(  ) Trata-se de um jogo normalmente disputado com a utilização de dois baralhos, com exceção dos curingas.

(  ) O objetivo é formar pares de cartas relacionadas.

a) V, V, V, F, F.

b) V, F, V, F, F.

c) V, V, F, V, F.

d) F, F, V, V, V.

4. Com relação ao uso do jogo com cartas no processo de ensino-aprendizagem, analise as afirmativas que seguem e depois escolha a alternativa correta:

I. O jogo de cartas no processo de ensino-aprendizagem é apenas divertido e prazeroso.

II. Jogar cartas é uma opção que pode ser uma alternativa de apoio à aprendizagem.

III. Alguns jogadores de cartas têm truques muito interessantes, fazendo com que o adversário fique surpreso, mesmo na aprendizagem.

IV. O lúdico por meio do jogo de cartas não proporciona necessariamente uma aula diferenciada, dinâmica e atrativa aos estudantes.

a) Apenas as afirmativas I e II são corretas.
b) Apenas a afirmativa IV está correta.
c) Apenas a afirmativa I é correta.
d) Apenas as afirmativas II e III são corretas.

5. Marque a opção que completa corretamente a sentença a seguir.

O interessante no Pif-Paf de Química é que o indivíduo joga sem parcerias, tornando-se responsável:

a) pela interpretação dos conteúdos propostos para esse jogo.
b) pelo conhecimento dos conteúdos, bem como pela habilidade e pela estratégia a serem usadas, se fizer um bom uso da observação.
c) pela tranquilidade e pelo bom desempenho de seu parceiro.
d) pela expressão de ideias e sentimentos.

# Atividades de aprendizagem

### Questões para reflexão

1. Durante uma semana, anote toda a sua rotina de alimentação, desde o café da manhã até a última refeição da noite, e registre numa tabela. Feito isso, responda às questões que seguem:
   a) Quais vitaminas você mais ingere?
   b) O que pode provocar a ausência dessas vitaminas?

2. Alguns elementos, denominados *microelementos*, são encontrados em nosso corpo em quantidades muito pequenas. Sua ausência ou sua deficiência pode provocar sérias alterações nos processos biológicos. Pesquise os elementos ferro (Fe), cobre (Cu), iodo (I) e zinco (Zn) e complete o quadro que segue:

| ELEMENTO | FUNÇÃO BIOLÓGICA | SINTOMAS DE AUSÊNCIA | FONTE DE ALIMENTOS | NECESSIDADES DIÁRIAS |
|---|---|---|---|---|
| FERRO | | | | |
| COBRE | | | | |
| IODO | | | | |
| ZINCO | | | | |

**Atividades aplicadas: prática**

1. Sabe-se que o escorbuto é causado pela deficiência de vitamina C (ácido ascórbico), conforme vimos no texto sobre vitaminas. Pesquise sobre o escorbuto, utilizando-se do roteiro a seguir, e depois coloque suas anotações em forma de relatório:

   ~ Histórico da doença (como foi descoberta).
   ~ O que é o escorbuto?
   ~ Qual é a estrutura química do ácido ascórbico?
   ~ Quais são os sintomas dessa doença?
   ~ Prevenção e tratamento dessa doença.

Capítulo 4

Jogar dados é uma técnica bastante antiga. Os dados podem ser usados em vários jogos de tabuleiro, tais como gamão e ludo. Num formato cúbico, os dados atuais apresentam seis faces gravadas com pontos e cada face exibe uma numeração entre um e seis.

Usamos dados para tirar a sorte e a função destes é dar um resultado aleatório que se restringe ao seu número de faces. Normalmente, num jogo com dados o foco principal é próprio dado e o tabuleiro serve somente como um mero marcador de pontos.

# Jogos com dados e tabuleiros

*Nossos alunos ainda são capazes de aprender, quando têm*
*a felicidade de estudar com um professor criativo, que sabe*
*fazer quase tudo do quase nada!*
*(Antônio Tadeu Ayres, 2008, p. 14)*

No entanto, os jogos apresentados neste capítulo estão centralizados tanto no tabuleiro – que serve de suporte para a especificação de figuras que indicam sorte e/ou de conteúdos previstos para cada jogo – quanto nos dados – que são utilizados para a determinação de cada uma das divisões independentes dos tabuleiros. Segundo Failde (2007, p. 18),

*Os jogos de tabuleiro são recursos excelentes para otimizar a atenção e*
*concentração, despertar a curiosidade, aguçar a imaginação. Deixam*
*os jogadores espertos e atentos para a vida. São mensageiros da cultura*

*e dos usos e costumes de diversos povos. Têm como vantagem serem lúdicos, alegres e prazerosos.*

Nesse contexto, apresentaremos dois jogos de tabuleiro adaptados ao ensino de Biologia e Química: o Jogo dos Dados Biológicos, muito parecido com o jogo de tabuleiro conhecido como *ludo*, e o Jogo do L Invertido, criação da autora deste livro.

# 4.1 Jogo dos Dados Biológicos*

O Jogo dos Dados Biológicos se constitui em um jogo de tabuleiro que pode ser visto como uma alternativa pedagógica com vistas a facilitar o processo de ensino-aprendizagem e integrar conteúdos tanto de biologia quanto de química e das demais ciências.

Esse jogo apresenta alguma similaridade com o popular jogo do ludo, no qual o objetivo é avançar as casas do tabuleiro, conforme o número sorteado no lance de um dado, até chegar ao final desse tabuleiro.

Dependendo da casa sorteada, as possibilidades proporcionadas pelo jogo compreendem: "avance uma, duas ou três casas", "retorne uma, duas ou três casas" e o "trevo", cujo sorteio indica que o estudante pode avançar quatro casas. O sorteio das demais casas, ou seja, das que não apresentam descrição de nenhuma possibilidade citada anteriormente, implica responder corretamente às questões de biologia propostas.

O conteúdo de biologia a ser abordado nesse jogo refere-se à fisiologia humana, abrangendo especificamente a organização do sistema digestivo humano e a circulação sanguínea humana.

---

\* O conteúdo explorado no Jogo dos Dados Biológicos foi elaborado com base nas obras de Junqueira; Carneiro (2008); Amabis; Martho (2004b); Cohen; Wood (2002).

O Jogo dos Dados Biológicos vem enriquecer o ensino de biologia e inovar na maneira de aprender, de modo a aproximar os estudantes do conhecimento científico de maneira divertida, levando-os a reconhecer os sistemas digestivo e circulatório em um contexto de aprendizagem significativo.

Por meio desse jogo, o professor pode também contextualizar o estudo da biologia, provocando situações de questionamentos e discussões relacionados ao cotidiano dos alunos. No caso dos conteúdos propostos para o Jogo dos Dados Biológicos, por exemplo, pode-se discutir sobre as diversas doenças associadas a esses dois sistemas.

De acordo com os Parâmetros Curriculares Nacionais do Ensino Médio (PCN), "contextualizar o conteúdo que se quer aprendido significa, em primeiro lugar, assumir que todo conhecimento envolve uma relação entre sujeito e objeto" (Brasil, 2000, p. 78). Além disso, "o contexto que é mais próximo do aluno e mais facilmente explorável para dar significado aos conteúdos da aprendizagem é o da **vida pessoal, cotidiano e convivência**" (Brasil, 2000, p. 81, grifo nosso).

Dessa forma, buscamos valorizar e contextualizar a aprendizagem dos diversos conteúdos de biologia, entendendo-a como a "ciência que se preocupa com os diversos aspectos da vida no planeta e com a formação de uma visão do homem sobre si próprio e de seu papel no mundo" (Brasil, 2006, p. 15).

Na sequência, apresentamos os objetivos do Jogo dos Dados Biológicos.

### 4.1.1 Objetivos do jogo

Os objetivos a serem desenvolvidos com o Jogo dos Dados Biológicos são:

~ ampliar os conhecimentos na área biológica;

~ integrar e socializar os estudantes;

~ facilitar a aprendizagem;

~ estimular a autoafirmação e a autonomia;
~ expressar ideias e sentimentos;
~ propiciar a vivência de momentos de entusiasmo.

## 4.1.2 Conteúdos de biologia: o sistema digestório

Por meio da ingestão de alimentos, nosso organismo passa por um processo de absorção de substâncias nutritivas, necessárias às diferentes funções do organismo humano. Junqueira e Carneiro (2008) explicam que, por meio dos alimentos ingeridos, o sistema digestório obtém as moléculas necessárias para a manutenção, o crescimento e as demais necessidades energéticas do organismo.

Assim, a ingestão dos alimentos, a sua digestão e a absorção de substâncias nutritivas só são possíveis graças a um conjunto de órgãos que constituem o sistema digestório. Este é composto por um tubo contínuo central (tubo alimentar/trato digestório) e glândulas anexas.

No tubo alimentar, ou trato gastrointestinal, os alimentos ingeridos são transformados e preparados para a absorção dos nutrientes e a eliminação do que não for aproveitado. Ele é constituído pelos seguintes órgãos: boca, faringe, esôfago, estômago, intestino delgado, intestino grosso e ânus. As glândulas anexas ajudam a processar os alimentos, despejando as suas secreções no tubo digestivo. São elas: as glândulas salivares, o pâncreas e o fígado.

Figura 4.1 – Sistema digestório

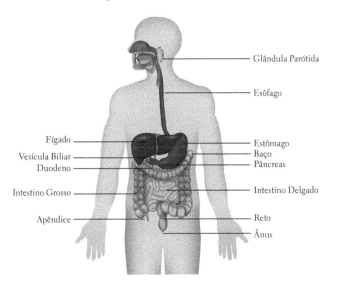

Vamos tratar agora dos órgãos que fazem parte do tubo alimentar, começando pela boca. A **boca** constitui a abertura de entrada do tubo digestório e apresenta como funções digestivas o processo da ingestão (receber alimentos), o preparo do alimento para a digestão e o início da digestão do amido.

Na boca existem também ductos salivares provenientes de três pares de glândulas salivares: parótida, submandibular e sublingual. Essas glândulas produzem e liberam na cavidade bucal a saliva.

As principais funções da saliva, de acordo com as explicações de Junqueira e Carneiro (2008, p. 317), são: "umidificar e lubrificar a mucosa oral e o alimento ingerido, iniciar a digestão de carboidratos e lipídios e secretar substâncias germicidas protetoras". Assim, o processo digestivo começa na boca, onde o alimento é mastigado pelos dentes e misturado à saliva, que umedece o bolo alimentar, facilitando o processo da digestão.

Entre a boca e os sistemas digestivo e respiratório, há uma região de transição que forma uma área de comunicação entre a região nasal e a laringe denominada *faringe* – um órgão tubular constituído por peças cartilaginosas articuladas cuja função é projetar o bolo alimentar para o esôfago.

Conforme Junqueira e Carneiro (2008), a **faringe** é revestida por um epitélio pavimentoso estratificado e não queratinizado, o que forma uma região que dá continuidade ao **esôfago**, o qual consiste num tubo muscular que tem como função o transporte do alimento da boca para o estômago.

Depois de passar pelo esôfago, o alimento vai para o **estômago**, órgão responsável pela digestão parcial dos alimentos e pela secreção de enzimas e hormônios. No estômago, os alimentos ingeridos são armazenados e misturados com as secreções gástricas, formando uma massa semilíquida denominada *quimo*, que aos poucos vai sendo liberada para o intestino delgado, conforme a capacidade de absorção deste.

O estômago comunica-se com o intestino delgado por meio de uma válvula denominada *piloro*, a qual, mediante o relaxamento de sua musculatura, permite a passagem do conteúdo do estômago para o duodeno, órgão que liga o estômago ao intestino delgado.

No **intestino delgado**, os processos de digestão se completam, ou seja, os nutrientes, produtos da digestão, são absorvidos pelas células epiteliais de revestimento. De acordo com Junqueira e Carneiro (2008, p. 300), "o intestino delgado é o sítio terminal de digestão dos alimentos, absorção de nutrientes e secreção endócrina".

O intestino delgado é relativamente longo e dividido em três segmentos: o **duodeno**, que é por onde o estômago esvazia o seu conteúdo no intestino, o **jejuno** e o **íleo**, regiões nas quais ocorre a absorção dos nutrientes.

Junqueira e Carneiro (2008, p. 313) explicam que "o intestino grosso é constituído por: ceco, cólon ascendente, cólon transverso, cólon descendente, cólon sigmoide, reto e ânus". Os autores também deixam claro que o **intestino grosso** é adaptado para exercer as seguintes funções: absorção de água, fermentação, formação da massa fecal e produção de muco.

## O processo da digestão

Conforme definição de Amabis e Martho (2004b, p. 475), a "digestão é o conjunto de processos pelos quais os componentes dos alimentos são transformados em substâncias assimiláveis pelas células".

A **digestão humana** é extracelular e pode ser dividida em: **digestão mecânica**, que consiste na trituração de alimentos, e **digestão química**, que, segundo Amabis e Martho (2004b), resume-se na quebra de moléculas orgânicas por ação de enzimas hidrolíticas. Os dentes, a língua e as contrações da musculatura lisa, que fica na parede do tubo digestório, são os responsáveis pela realização da digestão mecânica. As enzimas secretadas por células glandulares existentes no revestimento interno do tubo digestório e pelas glândulas anexas (glândulas salivares e pâncreas) são responsáveis pela realização da digestão química.

Nas explicações de Amabis e Martho (2004b, p. 475), "a presença de alimento na cavidade bucal, bem como sua visão e paladar, leva nosso sistema nervoso central a estimular as glândulas salivares a secretar a saliva", que constitui uma solução aquosa de consistência viscosa que contém a enzima amilase salivar, além de sais minerais, muco e outras substâncias.

O alimento mastigado e misturado à saliva é denominado *bolo alimentar*, que é empurrado pela língua para o fundo da faringe, em direção ao esôfago, processo conhecido como *deglutição*.

O **bolo alimentar** chega ao estômago por meio de "ondas" de contração da parede do esôfago. Essas ondas, assim como de outras partes do sistema digestório, são denominadas *ondas peristálticas*, as quais são responsáveis pelo deslocamento dos alimentos desde a boca até o ânus.

O bolo alimentar é misturado à secreção do estômago, chamada *suco gástrico*, que é rico em **ácido clorídrico** (HCl) e nas enzimas pepsina e renina. Amabis e Martho (2004b) apontam que o ácido clorídrico atua no conteúdo estomacal tornando-o fortemente ácido, com o pH em torno de 2, o que contribui na eliminação de micro-organismos, no amolecimento dos alimentos e no auxílio à ação da pepsina.

Nas explicações das autoras, a **pepsina**, principal enzima do suco gástrico, tem a função de catalisar a digestão de proteínas. Temos também a **renina**, que é uma enzima presente no suco gástrico cuja função é provocar a coagulação da caseína (principal proteína do leite), levando esta a permanecer mais tempo no estômago, sendo assim melhor digerida (Amabis; Martho 2004b).

No estômago, o alimento se transforma em uma massa acidificada e semilíquida, chamada *quimo*, que, sujeito à ação da bile, do suco pancreático e do suco intestinal, é transformado em **quilo**, uma solução na qual se encontram substâncias nutritivas simples reduzidas dos alimentos ingeridos.

As substâncias nutritivas que constituem o quilo passam para o sangue, que se encarrega de transportá-las a todas as células do organismo. Essa passagem das substâncias nutritivas do quilo para o sangue recebe o nome de *absorção digestiva*. Chegando às células, essas substâncias nutritivas são transformadas em seus próprios constituintes, processo denominado *assimilação*.

Os resíduos de alimentos que não foram absorvidos passam para o intestino grosso e formam as fezes, que são eliminadas para o exterior do organismo por meio do ânus.

É importante ressaltar ainda que na mucosa intestinal ficam localizadas milhares de pequenas glândulas que produzem uma secreção denominada *suco intestinal* ou *suco entérico*, o qual, de acordo com Silva Júnior e Sasson (2005c), atua nas etapas finais do desdobramento das substâncias. Como exemplo dessas glândulas, temos as peptidases, que desdobram os peptídeos em aminoácidos.

Além do **suco intestinal**, temos também o **suco pancreático**, que é produzido pelo pâncreas, órgão anexo ao duodeno. Segundo Amabis e Martho (2004b, p. 478), "o pâncreas é uma glândula com cerca de 15 cm de comprimento e formato triangular e alongado, localizado sob o estômago, na alça do duodeno".

As principais enzimas ativas no suco pancreático são a **tripsina** e a **quimotripsina**, que transformam as proteínas e as peptonas em moléculas menores; a **lipase pancreática**, que transforma os lipídios em ácidos graxos e glicerol; e a **amilase pancreática**, que transforma o amido e o glicogênio em maltose.

No pâncreas existem dois tipos básicos de células secretoras: **exócrinas**, que são as que secretam enzimas digestivas, e **endócrinas**, que secretam os hormônios insulina e glucagon.

Outra secreção importante é a bile, que, de acordo com as explicações de Amabis e Martho (2004b), é produzida pelo fígado e tem a função de fazer a emulsão de gorduras, a fim de facilitar a ação da lipase pancreática.

### 4.1.3 Conteúdos de biologia: o sistema cardiovascular

As células que constituem o nosso corpo necessitam de água e de diversos tipos de nutrientes, além do gás oxigênio. Esses nutrientes – que são absorvidos no intestino delgado, conforme vimos anteriormente, bem como o gás oxigênio, que é absorvido nos pulmões – são distribuídos às células pelo **sistema cardiovascular**.

O sistema cardiovascular desempenha muitas funções importantes, que, conforme Amabis e Martho (2004b, p. 492), podem ser assim resumidas:

~ *Transporte de nutrientes necessários ao metabolismo celular;*

~ *Transporte de gás oxigênio necessário à respiração celular;*

~ *Remoção de gás carbônico produzido na respiração celular;*

~ *Remoção das excreções resultantes do metabolismo celular;*

~ *Transporte dos hormônios produzidos pelas glândulas endócrinas;*

~ *Transporte de células de defesa responsáveis pelo combate de agentes estranhos que possam invadir nosso corpo;*

~ *Regulação da temperatura corporal.*

O sistema cardiovascular está interligado ao **sistema sanguíneo** e ao **sistema linfático**. Os principais componentes do sistema sanguíneo são o sangue, os vasos sanguíneos e o coração. Já os componentes do sistema linfático compreendem uma ampla rede de vasos linfáticos distribuídos por todo o corpo.

## Sistema sanguíneo

### Sangue

O sangue é um fluido formado por células e fragmentos celulares que ficam dispersos em um líquido chamado *plasma*. O sangue circula pelo interior dos vasos sanguíneos, compreendidos por artérias, veias e capilares sanguíneos.

Conforme as explicações de Junqueira e Carneiro (2008), o sangue é formado pelos glóbulos sanguíneos (eritrócitos ou hemácias, plaquetas e diversos tipos de leucócitos ou glóbulos brancos) e pelo plasma, que é uma parte líquida na qual os glóbulos sanguíneos estão suspensos.

As funções fundamentais do sangue resumem-se em: transporte, como o transporte de nutrientes e outras substâncias que são necessárias para as células; regulação, no que se refere, por exemplo, à quantidade de líquido nos tecidos para manter a pressão osmótica apropriada; proteção, como no caso da defesa contra doenças.

## Coração

O coração é um órgão muscular que tem a função de bombear o sangue por meio dos vasos sanguíneos. As paredes desse órgão são constituídas por três camadas: **endocárdio** (camada interna), **miocárdio** (camada intermediária) e **epicárdio** (camada externa).

O coração humano tem quatro cavidades internas chamadas *câmaras cardíacas*, as quais são divididas da seguinte maneira: duas câmaras superiores, denominadas *aurículas* ou *átrios cardíacos*, e duas inferiores, chamadas de *ventrículos cardíacos*.

A chegada do sangue ao coração ocorre por meio de grandes vasos que penetram os átrios, ou seja, o sangue chega ao átrio cardíaco direito pelas veias cavas superior e inferior e, depois de oxigenado nos pulmões, volta para o átrio cardíaco esquerdo por meio das veias pulmonares. O **átrio cardíaco esquerdo** recebe o sangue rico em gás oxigênio e o **átrio cardíaco direito** recebe o sangue rico em gás carbônico.

Além disso, o átrio cardíaco esquerdo comunica-se com o ventrículo esquerdo pela **valva bicúspide**, ou valva atrioventricular esquerda, ou, ainda, valva mistral, que garante a circulação do sangue sempre do átrio para o ventrículo (em um único sentido). Por outro lado, o átrio cardíaco direito comunica-se com o ventrículo direito pela **valva tricúspide**, ou valva atrioventricular direita, que tem a mesma função da valva bicúspide.

As duas câmaras inferiores, denominadas *ventrículos cardíacos*, dividem-se em: **ventrículo cardíaco direito**, que envia sangue para os pulmões; **ventrículo cardíaco esquerdo**, que envia sangue para as demais partes do corpo.

Figura 4.2 – Coração

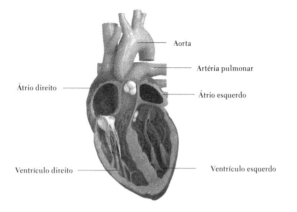

Vasos sanguíneos

Cohen e Wood (2002, p. 267) afirmam que os vasos sanguíneos, junto com as quatro câmaras do coração, formam um sistema fechado no qual o sangue é transportado para os tecidos e por meio deles. As autoras dividem os vasos sanguíneos em três grupos: artérias, capilares e veias.

Os vasos que levam sangue do coração para órgãos e tecidos corporais são chamados de *artérias*. A maior delas é a **aorta**, que, de acordo com Cohen e Wood (2002, p. 267), "recebe o sangue do ventrículo esquerdo e se ramifica em artérias sistêmicas que transportam o sangue para os tecidos". Por outro lado, a **artéria pulmonar** transporta o sangue do ventrículo direito para os pulmões.

Os vasos que estabelecem comunicação entre uma arteríola e uma vênula (veia de pequeno diâmetro) são finíssimos e com diâmetro microscópico, sendo denominados *capilares sanguíneos*.

As paredes dos capilares são formadas por células com espaços entre si, por onde transborda líquido sanguíneo, o qual banha as células próximas aos capilares, nutrindo-as e oxigenando-as. Esse líquido sanguíneo que transborda recebe o nome de *líquido tissular*.

É importante acrescentar também, com relação aos capilares sanguíneos, que "no ponto de conexão entre uma arteríola e um capilar há uma célula muscular lisa, enrolada no vaso sanguíneo, denominada esfíncter pré-capilar" (Amabis; Martho, 2004b, p. 494).

Os vasos que levam sangue de órgãos e tecidos para o coração, promovendo, dessa forma, o retorno da circulação sanguínea, são chamados de *veias*. Nas palavras de Amabis e Martho (2004b), as veias de maior diâmetro apresentam **válvulas** em seu interior, cuja função é impedir o refluxo de sangue, de forma a garantir a sua circulação em um único sentido.

## Sistema linfático

Conforme explicam Junqueira e Carneiro (2008, p. 217), o sistema linfático compreende um "sistema de canais de paredes finas revestidas por endotélio que coleta fluido dos espaços intersticiais e o retorna para o sangue". Assim, a função desse sistema é retornar ao sangue o fluido dos espaços intersticiais.

Esse fluido, que recebe o nome de *linfa*, é esbranquiçado e tem constituição semelhante à do sangue, porém não contém hemácias e circula somente na direção do coração. A linfa circula no organismo pelos vasos linfáticos, transportando linfócitos e possibilitando a contínua drenagem de líquidos dos tecidos no interior dos órgãos.

Ao longo dos vasos linfáticos existem estruturas de consistência esponjosa denominadas *linfonodos* ou *nódulos linfáticos*, que filtram a linfa antes de lançá-la no sangue.

Amabis e Martho (2004b, p. 495) acrescentam ainda que, "quando o organismo é invadido por micro-organismos, os leucócitos dos linfonodos próximos ao local da invasão identificam o invasor e começam a se multiplicar ativamente, para combatê-lo". Dessa forma, numa região de infecção, os linfonodos aumentam de tamanho, formando inchaços chamados popularmente de *ínguas*.

O sistema linfático apresenta também estruturas que participam da resposta imunitária, os **órgãos linfáticos**. Além dos linfonodos, os demais órgãos linfáticos compreendem as tonsilas, o timo, o baço e os nódulos linfáticos.

As **tonsilas**, conforme explanam Junqueira e Carneiro (2008, p. 282), são "órgãos constituídos por aglomerados de tecido linfático, incompletamente encapsulados, colocados abaixo e em contato com o epitélio das porções iniciais do trato digestivo".

As tonsilas encontram-se localizadas em posição estratégica de defesa do organismo contra antígenos transportados pelo ar e também pelos alimentos. São órgãos produtores de linfócitos e, de acordo com a sua localização na boca e na faringe, podem ser divididas em: tonsilas palatinas, localizadas na parte oral da faringe; tonsilas faringianas, situadas na porção súpero-posterior da faringe; tonsilas linguais, situadas na base da língua.

Cohen e Wood (2002, p. 299) apontam que o órgão linfático **timo** localiza-se na parte superior do tórax, por trás do esterno, e "exerce um papel chave no desenvolvimento do sistema imune antes do nascimento e durante os primeiros meses da infância"; portanto, ele é mais ativo durante o início da vida.

O **baço** é caracterizado por Cohen e Wood (2002, p. 299) como um órgão linfático que contém tecido linfoide projetado para filtrar o sangue e que fica localizado na parte superior esquerda da região hipocondríaca do abdome. Esse órgão armazena hemácias e pode lançá-las na corrente sanguínea em situações de necessidade ou urgência, como no caso de um esforço físico intenso.

Cohen e Wood (2002, p. 299) apontam como principais funções do baço as seguintes:

~ *Purificar o sangue através da filtração e da fagocitose;*
~ *Destruir células sanguíneas velhas, desgastadas;*

~ *Produzir células sanguíneas vermelhas antes do nascimento;*

~ *Servir como um reservatório para o sangue, que pode ser retornado para a corrente sanguínea em caso de hemorragia ou outra emergência.*

Quanto aos **nódulos linfáticos**, Junqueira e Carneiro (2008) apontam que esses nódulos são agregados de tecido linfático, localizados na mucosa do aparelho digestivo, do aparelho respiratório e do aparelho urinário.

Caso o sistema linfático, por algum motivo, deixe de drenar os restos do líquido tissular, pode ocorrer um acúmulo desse sangue nos tecidos provocando inchaços conhecidos por *edemas linfáticos*.

Após essa breve explanação sobre os conteúdos referentes ao sistema digestório e ao sistema cardiovascular, passemos para a confecção do Jogo dos Dados Biológicos.

### 4.1.4 Confecção do jogo*

A confecção do Jogo dos Dados Biológicos requer os materiais da lista que segue:

~ 1 dado;

~ 1 peão ou 1 ficha colorida para cada jogador;

~ papel cartão ou cartolina para a confecção do tabuleiro e das fichas, nas quais serão registradas 80 questões relacionadas ao conteúdo desejado;

~ caneta hidrocor preta para desenhar o tabuleiro e escrever os comandos de cada casa;

~ oitenta questões relacionadas ao conteúdo desejado.

---

* Tanto as fichas quanto o tabuleiro podem ser criados com o uso do computador; isso facilita o trabalho do professor.

Para facilitar o trabalho do professor, orientamos que sejam observados os seguintes procedimentos na confecção do tabuleiro do Jogo dos Dados Biológicos: usando papel cartão, recorte um retângulo nas medidas de 25 cm de largura por 20 cm de altura (tamanho e cores opcionais); recortar também 80 retângulos na medida 55 mm de largura por 85mm de altura (o tamanho das fichas é opcional, pois estas serão utilizadas para escrever as questões que serão respondidas pelos estudantes a cada vez que o sorteio indicar a posição de uma casa cinza); com a caneta hidrocor, construir as casas do tabuleiro conforme o modelo a seguir.

**4.1.5 Modelo do Jogo dos Dados Biológicos**

Apresentamos a seguir o modelo do tabuleiro elaborado para o Jogo dos Dados Biológicos e aproveitamos para ressaltar que o mesmo modelo pode ser utilizado para o desenvolvimento de qualquer conteúdo; basta que o professor elabore outras fichas com questões de seu interesse.

Figura 4.3 – Modelo do tabuleiro para o Jogo dos Dados Biológicos

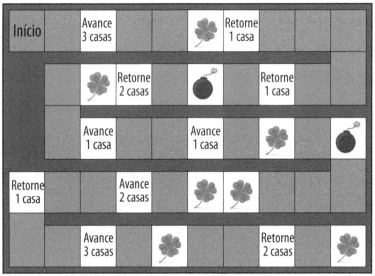

Na sequência, apresentamos as fichas, que foram elaboradas com questões baseadas no conteúdo proposto anteriormente, com as suas respectivas respostas.

**Figura 4.4 – Fichas para o Jogo dos Dados Biológicos**

| | | | |
|---|---|---|---|
| 1. Composto por um tubo contínuo central (tubo alimentar/trato digestório) e glândulas anexas:<br><br>a) Pâncreas.<br>b) Sistema digestório.<br>c) Fígado. | 2. A abertura do tubo digestório é:<br><br>a) a boca.<br>b) o esôfago.<br>c) o estômago. | 3. Localizados no interior da boca com o objetivo de preparar o alimento para a digestão:<br><br>a) Saliva e glândulas salivares.<br>b) Boca e língua.<br>c) Dentes e língua. | 4. Órgão logo após a boca:<br><br>a) Esôfago.<br>b) Estômago.<br>c) Faringe. |
| 5. Tubo muscular que tem como função o transporte do alimento da boca para o estômago:<br><br>a) Esôfago.<br>b) Faringe.<br>c) Estômago. | 6. Órgão responsável pela digestão parcial dos alimentos e pela secreção de enzimas e hormônios:<br><br>a) Intestino grosso.<br>b) Estômago.<br>c) Intestino delgado. | 7. A comunicação do esôfago com o estômago é feita por meio:<br><br>a) do piloro.<br>b) da cárdia.<br>c) dos esfíncteres. | 8. Órgão que liga o estômago ao intestino delgado:<br><br>a) Estômago.<br>b) Intestino grosso.<br>c) Duodeno. |
| 9. O intestino delgado divide-se em:<br><br>a) cárdia, piloro e esfíncteres.<br>b) colo, reto e ânus.<br>c) duodeno, jejuno e íleo. | 10. Ceco, cólon ascendente, cólon transverso, cólon descendente, cólon sigmoide, reto e ânus fazem parte do:<br><br>a) intestino grosso.<br>b) intestino delgado.<br>c) estômago. | 11. A última parte do intestino grosso é o:<br><br>a) ceco.<br>b) colon.<br>c) ânus. | 12. Processos pelos quais os componentes dos alimentos são transformados em substâncias assimiláveis pelas células:<br><br>a) Digestão.<br>b) Circulação.<br>c) Respiração. |
| 13. A digestão realizada pelos dentes, pela língua e pelas contrações musculares é a:<br><br>a) Digestão química.<br>b) Digestão mecânica.<br>c) Digestão celular. | 14. Digestão realizada por enzimas secretadas por células glandulares presentes no revestimento interno do tubo digestivo:<br><br>a) Química.<br>b) Mecânica.<br>c) Celular. | 15. Solução aquosa de consistência viscosa que contém a enzima salivar, além de sais, muco e outras substâncias:<br><br>a) Amilase.<br>b) Ptialina.<br>c) Saliva. | 16. Alimento mastigado e misturado à saliva:<br><br>a) Ptialina.<br>b) Bolo alimentar.<br>c) Amilase. |
| 17. Processo pelo qual o bolo alimentar é empurrado pela língua para o fundo da faringe em direção ao esôfago:<br><br>a) Respiração.<br>b) Deglutição.<br>c) Salivação. | 18. Principal enzima ativa do suco gástrico:<br><br>a) Pepsina.<br>b) Peptônio.<br>c) Pepsinogênio. | 19. Outra enzima presente no suco gástrico (principal proteína do leite):<br><br>a) Saliva.<br>b) Peptona.<br>c) Renina. | 20. Forma o conteúdo estomacal fortemente ácido, com o pH em torno de 2:<br><br>a) Ácido sulfúrico.<br>b) Ácido clorídrico.<br>c) Ácido fólico. |

*(continua)*

*(Figura 4.4 – continuação)*

| | | | |
|---|---|---|---|
| 21. Atua nas etapas finais do desdobramento das substâncias, como as peptidases, que desdobram os peptídeos em aminoácidos:<br><br>a) Suco gástrico.<br>b) Suco pancreático.<br>c) Suco entérico. | 22. Massa acidificada e semilíquida resultante da transformação do alimento no estômago:<br><br>a) Pepsina.<br>b) Quimo.<br>c) Amilase. | 23. Secreção produzida pelo pâncreas:<br><br>a) Suco entérico.<br>b) Suco gástrico.<br>c) Suco pancreático. | 24. Tripsina e quimotrepsina são algumas das principais enzimas do:<br><br>a) suco entérico.<br>b) suco pancreático.<br>c) suco gástrico. |
| 25. Glândula de formato triangular e alongado localizada sob o estômago:<br><br>a) Pâncreas.<br>b) Estômago.<br>c) Intestino. | 26. É produzida pelo fígado e tem a função de fazer a emulsão de gorduras para facilitar a ação da lipase pancreática:<br><br>a) Pâncreas.<br>b) Bile.<br>c) Fígado. | 27. Tipo de célula secretora existente no pâncreas:<br><br>a) Epitelial.<br>b) Sanguínea.<br>c) Exócrina. | 28. Células que secretam os hormônios insulina e glucagon:<br><br>a) Exócrinas.<br>b) Endócrinas.<br>c) Epiteliais. |
| 29. Maior glândula do nosso corpo:<br><br>a) Fígado.<br>b) Pâncreas.<br>c) Coração. | 30. Localizados na mucosa do aparelho digestivo, do aparelho respiratório e do aparelho urinário:<br><br>a) Glândulas endócrinas.<br>b) Suco pancreático.<br>c) Nódulos linfáticos. | 31. Produzido pelo pâncreas, órgão anexo ao duodeno:<br><br>a) Pepsina.<br>b) Suco entérico.<br>c) Suco pancreático. | 32. Digere lipídios, transformando-os em ácidos graxos e glicerol:<br><br>a) Lípase pancreática.<br>b) Tripsina.<br>c) Amilase pancreática. |
| 33. Glândula parótida, glândula submandibular e glândula sublingual:<br><br>a) Glândulas salivares.<br>b) Glândulas endócrinas.<br>c) Glândulas exócrinas. | 34. Ondas responsáveis pelo deslocamento dos alimentos da boca até o ânus:<br><br>a) Salivares.<br>b) Alimentares.<br>c) Peristálticas. | 35. Solução onde ficam substâncias nutritivas simples reduzidas dos alimentos ingeridos:<br><br>a) Suco pancreático.<br>b) Suco entérico.<br>c) Quilo. | 36. São necessidades das células que constituem o nosso corpo:<br><br>a) Água, nutrientes e oxigênio.<br>b) Apenas oxigênio.<br>c) Água e oxigênio. |
| 37. Passagem das substâncias nutritivas do quilo para o sangue:<br><br>a) Assimilação.<br>b) Absorção digestiva.<br>c) Nutrição. | 38. Os nutrientes que são absorvidos no intestino delgado, bem como o gás oxigênio que é absorvido nos pulmões, são distribuídos às células pelo:<br><br>a) Sistema cardiovascular.<br>b) Sistema digestivo.<br>c) Sistema respiratório. | 39. Circula pelos vasos sanguíneos:<br><br>a) Sangue e linfa.<br>b) Linfa.<br>c) Sangue. | 40. Circula pelos vasos linfáticos:<br><br>a) Sangue e linfa.<br>b) Linfa.<br>c) Sangue. |
| 41. É formado pelos glóbulos sanguíneos (eritrócitos ou hemácias, plaquetas e diversos tipos de leucócitos ou glóbulos brancos) e pelo plasma:<br><br>a) Linfa.<br>b) Coração.<br>c) Sangue. | 42. Transporte, regulação e proteção são funções do:<br><br>a) coração.<br>b) pâncreas.<br>c) fígado. | 43. Exerce papel-chave no desenvolvimento do sistema imune antes do nascimento e durante os primeiros meses da infância:<br><br>a) Pâncreas.<br>b) Timo.<br>c) Baço. | 44. Órgão que contém tecido linfoide projetado para filtrar o sangue:<br><br>a) Linfa.<br>b) Baço.<br>c) Timo. |

*(Figura 4.4 – continuação)*

| | | | |
|---|---|---|---|
| 45. Produz imunoglobinas para combater substâncias estranhas:<br><br>a) Fígado.<br>b) Glóbulos vermelhos.<br>c) Glóbulos brancos. | 46. A defesa contra agentes invasores em nosso organismo é função da:<br><br>a) respiração.<br>b) circulação sanguínea.<br>c) deglutição. | 47. Auxiliar a manutenção da temperatura corporal é função da:<br><br>a) deglutição.<br>b) respiração.<br>c) circulação sanguínea. | 48. Transportar o gás oxigênio necessário à respiração celular é uma das funções do:<br><br>a) sistema respiratório.<br>b) sistema cardiovascular.<br>c) sistema endócrino. |
| 49. Remover o gás carbônico produzido na respiração celular é função do:<br><br>a) sistema cardiovascular.<br>b) sistema nervoso.<br>c) sistema respiratório. | 50. O sangue, os vasos sanguíneos e o coração são os principais componentes do:<br><br>a) sistema endócrino.<br>b) sistema nervoso.<br>c) sistema sanguíneo. | 51. Fluido esbranquiçado de constituição semelhante à do sangue, porém não contém hemácias:<br><br>a) Coração.<br>b) Sangue.<br>c) Linfa. | 52. Órgão muscular que tem a função de bombear o sangue por meio dos vasos sanguíneos:<br><br>a) Coração.<br>b) Fígado.<br>c) Pâncreas. |
| 53. Tecido muscular estriado cardíaco:<br><br>a) Miocárdio.<br>b) Plasma.<br>c) Epitelial. | 54. O coração humano tem:<br><br>a) uma cavidade interna.<br>b) três cavidades internas.<br>c) quatro cavidades internas. | 55. As duas câmaras cardíacas superiores do coração são chamadas:<br><br>a) ventrículos.<br>b) cavidades.<br>c) aurículas. | 56. As duas câmaras cardíacas inferiores do coração são chamadas:<br><br>a) aurículas.<br>b) cavidades.<br>c) ventrículos. |
| 57. O átrio esquerdo do coração recebe sangue rico em:<br><br>a) gás nitrogênio.<br>b) gás oxigênio.<br>c) gás carbônico. | 58. O átrio direito do coração recebe sangue rico em:<br><br>a) gás nitrogênio.<br>b) gás carbônico.<br>c) gás oxigênio. | 59. O ventrículo cardíaco direito envia sangue para:<br><br>a) as artérias.<br>b) as demais partes do corpo.<br>c) os pulmões. | 60. O ventrículo cardíaco esquerdo envia sangue para:<br><br>a) os pulmões.<br>b) as demais partes do corpo.<br>c) as artérias. |
| 61. Vasos que levam sangue do coração para os órgãos e tecidos corporais:<br><br>a) Linfáticos.<br>b) Capilares.<br>c) Artérias. | 62. Responsáveis pela irrigação sanguínea do músculo cardíaco:<br><br>a) Artérias coronárias.<br>b) Ventrículos.<br>c) Endotélio. | 63. Vasos finíssimos que estabelecem comunicação entre uma arteríola e uma vênula:<br><br>a) Veias.<br>b) Capilares sanguíneos.<br>c) Artérias. | 64. Vasos que levam sangue de órgãos e tecidos para o coração:<br><br>a) Artérias.<br>b) Veias.<br>c) Capilares sanguíneos. |
| 65. É constituído por uma ampla rede de vasos linfáticos distribuídos por todo o corpo:<br><br>a) Sistema digestivo.<br>b) Sistema nervoso.<br>c) Sistema linfático. | 66. Vasos que estabelecem comunicação entre uma arteríola e uma vênula:<br><br>a) Artérias.<br>b) Vênulas.<br>c) Linfas. | 67. Líquido extravasado que banha as células próximas aos capilares, nutrindo-as e oxigenando-as:<br><br>a) Venoso.<br>b) Viscoso.<br>c) Tissular. | 68. Circula no interior dos vasos linfáticos:<br><br>a) Sangue.<br>b) Linfa.<br>c) Plasma. |
| 69. Estruturas de consistência esponjosa presentes ao longo dos vasos linfáticos:<br><br>a) Linfonodos.<br>b) Ínguas.<br>c) Veias. | 70. Filtram a linfa:<br><br>a) Sangue.<br>b) Ínguas.<br>c) Linfonodos. | 71. Órgão rico em linfonodos localizado no lado esquerdo do abdome:<br><br>a) Coração.<br>b) Pâncreas.<br>c) Baço. | 72. Armazena linfócitos e monócitos:<br><br>a) Baço.<br>b) Fígado.<br>c) Pâncreas. |

Jogos no ensino de Química e Biologia ~ 133

*(Figura 4.4 – continuação)*

| | | | |
|---|---|---|---|
| 73. Armazena hemácias, podendo lançá-las na corrente sanguínea em momentos de necessidade:<br><br>a) Baço.<br>b) Rim.<br>c) Fígado. | 74. Destrói hemácias envelhecidas:<br><br>a) Rim.<br>b) Fígado.<br>c) Baço. | 75. Célula muscular lisa existente no ponto de conexão entre uma arteríola e um capilar:<br><br>a) Líquido tissular.<br>b) Linfonodos.<br>c) Esfíncter pré-capilar. | 76. Transforma o amido e o glicogênio em maltose:<br><br>a) Tripsina.<br>b) Lipase pancreática.<br>c) Amilase pancreática. |
| 77. As artérias se ligam:<br><br>a) ao ventrículo esquerdo.<br>b) à veia aorta.<br>c) ao átrio esquerdo. | 78. Impedir o refluxo de sangue, garantindo sua circulação em um único sentido é função:<br><br>a) do pulmão.<br>b) das veias.<br>c) das artérias. | 79. Estruturas que participam da resposta imunitária:<br><br>a) Tonsilas.<br>b) Linfonodos.<br>c) Órgãos linfáticos. | 80. Edemas linfáticos são nomes dados:<br><br>a) a dores musculares.<br>b) ao inchaço.<br>c) ao cansaço físico. |

## Respostas das fichas para o Jogo dos Dados Biológicos

| | | | | | | | |
|---|---|---|---|---|---|---|---|
| 1 | b | 2 | a | 3 | c | 4 | c |
| 5 | a | 6 | b | 7 | b | 8 | c |
| 9 | c | 10 | a | 11 | c | 12 | a |
| 13 | b | 14 | a | 15 | c | 16 | b |
| 17 | b | 18 | a | 19 | c | 20 | b |
| 21 | c | 22 | b | 23 | c | 24 | b |
| 25 | a | 26 | b | 27 | c | 28 | b |
| 29 | a | 30 | c | 31 | c | 32 | a |
| 33 | a | 34 | c | 35 | c | 36 | a |
| 37 | b | 38 | a | 39 | c | 40 | b |
| 41 | c | 42 | a | 43 | b | 44 | b |
| 45 | c | 46 | b | 47 | c | 48 | b |
| 49 | a | 50 | c | 51 | c | 52 | a |

*(Figura 4.4 - Conclusão)*

| 53 | a | 54 | c | 55 | c | 56 | c |
|----|---|----|---|----|---|----|---|
| 57 | b | 58 | b | 59 | c | 60 | b |
| 61 | c | 62 | a | 63 | b | 64 | b |
| 65 | c | 66 | b | 67 | c | 68 | b |
| 69 | a | 70 | c | 71 | c | 72 | a |
| 73 | a | 74 | c | 75 | c | 76 | c |
| 77 | b | 78 | b | 79 | c | 80 | b |

## 4.1.6 Regras do jogo

As regras para o Jogo dos Dados Biológicos são as seguintes:

~ Podem ser formados grupos de 2, 3 ou 4 participantes. Em caso de 4 participantes, é possível também a formação de duplas. A quantidade de tabuleiros fica a critério do professor, em função da diversidade em relação à quantidade de estudantes por sala de aula.

~ O peão de cada jogador é colocado na casa "Início".

~ Os alunos, um a um, jogam os dados para decidir quem deve iniciar o jogo; o estudante que obtiver o maior número, conforme as faces do dado, inicia o jogo.

~ O iniciante joga o dado e coloca seu peão conforme o número sorteado no dado; cada casa conta um número.

~ Assim que o primeiro coloca o seu peão, o estudante imediatamente à sua direita joga o dado, como fez o primeiro, e assim sucessivamente.

~ Cada trevo dá chance ao aluno de avançar 6 casas.

~ As bombas levam o estudante ao início do jogo.

Jogos no ensino de Química e Biologia ~ 135

~ Sorteando a **casa cinza**, o educando deve pegar uma ficha de questões e respondê-la. Se acertar, deve avançar 2 casas; se errar, deve permanecer na casa sorteada.

~ As fichas respondidas corretamente vão sendo descartadas do jogo.

~ Vence o jogo o aluno que chegar ao final da sequência de casas do tabuleiro.

~ Para a conferência das respostas, sugerimos que o professor eleja um representante para cada grupo que estiver jogando.

## 4.2 Jogo do L Invertido

Criado pela autora deste livro, o Jogo do L Invertido é um jogo com o qual o objetivo é propiciar tanto ao professor quanto aos estudantes uma opção de tabuleiro diferente dos convencionais, que deixa evidente intencionalmente um L de um lado do tabuleiro e um L do lado oposto. A ideia do L invertido surgiu do desejo de inovar e propor uma atividade em que os estudantes pudessem trabalhar em equipes e, principalmente, do interesse em buscar uma forma de dinamizar as aulas de Química, renovar as metodologias e proporcionar um ambiente dinâmico, divertido e construtivo na sala de aula.

A busca de novas metodologias demonstra a preocupação que o docente tem com seus alunos em relação à aquisição de conhecimentos e à aprendizagem. Além disso, essa busca é, segundo Moran (2008, p. 79),

*Uma forma de estabelecer vínculos e mostrar genuíno interesse pelos estudantes. Os professores de sucesso não se preparam para o fracasso, mas para o êxito em seus cursos. Preparam-se para desenvolver um bom relacionamento com os estudantes e para isso os aceitam efetivamente antes de os conhecerem, predispõem-se a gostar deles antes de começar um novo curso.*

Nesse tipo de jogo, fica evidente a competição entre os educandos por ser uma forma de jogo que instiga e aguça o instinto de luta e o desejo de vencer, porém, "competir faz sentido quando realizado em um contexto seguro de ludicidade (saber brincar), de cooperação, de respeito e de paz" (Casco, 2008, p. 38), e é preciso que isso fique claro aos estudantes na aplicação de qualquer jogo educativo.

Nessa perspectiva, para a realização do Jogo do L Invertido utilizamos como conteúdos os compostos orgânicos, mais especificamente a composição e a classificação destes. Entre os critérios variados que temos para classificar as cadeias, optamos por abordá-los de acordo com a disposição dos átomos de carbono, a ligação entre esses átomos e a natureza dos átomos que compõem a cadeia.

### 4.2.1 Objetivos do jogo

Os objetivos propostos para o Jogo do L Invertido são:

~ desenvolver a capacidade de transferência de conceitos já aprendidos;
~ analisar e interpretar situações-problemas;
~ sintetizar os compostos orgânicos;
~ promover a aprendizagem brincando;
~ fazer com que os alunos aprendam a lidar com desafios;
~ estabelecer os limites: "ganhar" e "perder".

### 4.2.2 Conteúdos de química: compostos orgânicos

Existe uma parte da química, denominada *química orgânica*, que, conforme explicações de Mahan e Myers (2007, p. 455), "tem origem na crença de que os processos vitais e os compostos por eles formados são singulares". De acordo com esses autores, "o termo orgânico é utilizado para a maioria dos compostos formados de carbono em combinação com muitos outros elementos" (Mahan; Myers, 2007, p. 455). Essa área é muito importante para compreendermos os processos que ocorrem nos seres vivos. Além disso, alguns materiais cujo princípio ativo biológico é alguma substância orgânica não são encontrados nos seres vivos, são fabricados em indústrias, como no caso de medicamentos.

Segundo Feltre (2004a, p. 12), "o átomo de carbono tem uma capacidade extraordinária de se ligar a outros átomos – de carbono, de oxigênio, de nitrogênio etc. –, formando encadeamentos ou cadeias curtas ou longas e com as mais variadas disposições" e são exatamente essas substâncias que constituem o "esqueleto" das moléculas das substâncias orgânicas.

Considerando-se a forma como o carbono se encontra ligado na cadeia carbônica, ele pode ser classificado do seguinte modo:

- ~ **Carbono primário** – É aquele que aparece ligado, no máximo, a um átomo de carbono.
- ~ **Carbono secundário** – É aquele que se liga a dois outros átomos de carbono.
- ~ **Carbono terciário** – É aquele que se liga a outros três átomos de carbono.
- ~ **Carbono quaternário** – É aquele que se liga a quatro outros átomos de carbono.

A cadeia carbônica também pode ser aberta ou fechada. De acordo com Usberco e Salvador (2001), na **cadeia aberta**, os átomos de carbono se ligam entre si, de maneira a terem as extremidades da cadeia livres, não formando um ciclo fechado. Ela pode ser chamada também de *acíclica* ou *alifática*.

Exemplo:

$$CH_3 - CH_2 - CH_2 - CH_3$$

As cadeias abertas são classificadas em normais ou ramificadas, homogêneas ou heterogêneas, saturadas ou insaturadas. Vamos examinar a diferença entre cada umas dessas classificações da cadeia aberta.

As **cadeias normais** são aquelas em que o encadeamento segue uma sequência única e nas quais aparecem somente carbonos primários e secundários.

Exemplo:

$$CH_3 - CH_2 - CH_2 - CH_3$$

As **cadeias ramificadas** são aquelas que apresentam ramificação. Elas têm pelo menos um átomo de carbono terciário ou quaternário.

Exemplo:

$$CH_3 - CH_2 - CH_2 - CH_3$$
$$|$$
$$CH_3 \longrightarrow \text{ramificação}$$

As **cadeias homogêneas** são aquelas que não contêm heteroátomos (átomos diferentes do átomo de carbono, que aparecem entre dois carbonos, numa fórmula estrutural).

Exemplo:

$$CH_3 - CH_2 - CH_2 - CH_3$$

As **cadeias heterogêneas**, ao contrário das homogêneas, dispõem de pelo menos um heteroátomo.

Exemplo:

$$CH_3 - CH_2 - O - CH_3$$
$$|$$
$$CH_3 \quad \longrightarrow \text{Heteroátomo}$$

Nas **cadeias acíclicas saturadas**, os átomos de carbono são interligados apenas por ligações simples.

Exemplos:

$$CH_3 - CH_2 - CH_2 - CH_3 \qquad CH_3 - CH_2 - O - CH_3$$
$$|$$
$$CH_3$$

Já nas **cadeias acíclicas insaturadas,** pelo menos dois átomos de carbono devem aparecer ligados por dupla ou tripla ligação.

Exemplos:

$$CH_3 - CH = CH - CH_3 \qquad CH_3 - C \equiv C - CH_3$$

Quanto às **cadeias fechadas**, também chamadas de *cíclicas*, estas podem ser classificadas como aromáticas ou alicíclicas.

As **cadeias aromáticas** apresentam o anel benzênico, que é uma cadeia carbônica formada por seis átomos de carbono interligados, além de uma disposição especial de ligações alternadas, sendo uma ligação simples e uma ligação dupla. O benzeno de fórmula $C_6H_6$ é o mais simples desse tipo de cadeia carbônica.

Exemplo:

Cadeia aromática

As cadeias fechadas aromáticas podem ser classificadas em mononucleares ou polinucleares.

A **cadeia mononuclear** apresenta apenas um anel aromático, enquanto a **cadeia polinuclear** conta com dois ou mais anéis aromáticos em sua estrutura.

Exemplos:

Mononucleares                  Polinucleares

As cadeias carbônicas **alicíclicas** não apresentam anel benzênico e podem ser classificadas como homocíclicas, heterocíclicas, saturadas e insaturadas.

Exemplos:

Cadeias aliciclicas

As **cadeias homocíclicas** são constituídas somente por átomos de carbono.

Exemplos:

Homocíclicas

As **cadeias heterocíclicas** são as que contêm heteroátomos.

Exemplos:

$$CH_2$$ $H_2C$ — $CH$ $H_2C$ $CH$ $H_2C$ — $O$ $N$

Heterocíclicas

Usberco e Salvador (2001) deixam claro que, nas **cadeias alicíclicas saturadas**, os átomos de carbono estão ligados entre si, porém com ligações simples, exclusivamente.

Exemplos:

$$CH_2$$ $CH_2$ $H_2C$ — $CH_2$ $H_2C$ $CH$ $CH_2$

Saturadas

Esses autores esclarecem ainda que, nas **cadeias alicíclicas insaturadas**, pelo menos dois átomos de carbono encontram-se ligados por dupla ou tripla ligação.

Exemplos:

$$CH$$ $CH_2$ $H_2C$ — $CH$ $H_2C$ $CH$ $N$

Insaturadas

Além das cadeias descritas anteriormente, existem ainda as cadeias mistas, ou seja, aquelas que apresentam uma parte cíclica e uma parte acíclica ou, até mesmo, duas partes cíclicas, sendo uma alicíclica e uma aromática.

Exemplos:

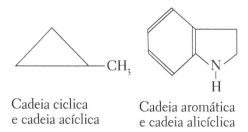

Cadeia ciclica          Cadeia aromática
e cadeia acíclica       e cadeia alicíclica

## 4.2.3 Confecção do jogo

Para a confecção do Jogo do L Invertido, são necessários os seguintes materiais:

~ cartolina ou papel cartão para a confecção do tabuleiro, no qual serão registrados 32 questões elaboradas com as suas devidas respostas.
~ dados (3 por equipe);
~ tesoura;
~ lápis;
~ pincel atômico.

Orientamos que o professor observe os seguintes procedimentos: recortar um tabuleiro com 20 cm de largura por 28 cm de altura (recomendado); dividir o tabuleiro com um lápis em quadradinhos de 4 cm por 4 cm; colorir os três quadrinhos do meio do tabuleiro; contornar cada L (direito e esquerdo) com uma cor diferente, conforme modelo da Figura 4.5; em seguida, escrever nos quadrinhos do tabuleiro as questões elaboradas; após isso, recortar 32 círculos com raio de 2 cm; por fim, numerar os círculos, dividindo-os em dois grupos de 16 unidades (tanto no primeiro quanto no segundo grupo enumere os círculos de 3 a 18). No verso dos círculos serão escritas as respostas para as questões do tabuleiro, sendo 16 respostas referentes a uma equipe e outras 16 referentes à outra equipe.

Figura 4.5 – Modelo de tabuleiro para o Jogo do L Invertido

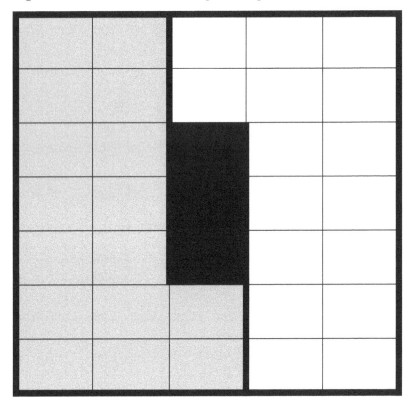

### 4.2.4 Modelo do Jogo do L Invertido

As figuras que seguem mostram o tabuleiro montado, com as questões referentes ao texto proposto e, também, com os símbolos que representam valores diferenciados para o jogo (Figura 4.6), as fichas contendo as respostas para cada casa do tabuleiro (Figura 4.7) e a tabela para que os estudantes marquem as pontuações durante o jogo (Figura 4.8).

# Figura 4.6 – Modelo do tabuleiro com as questões e os símbolos

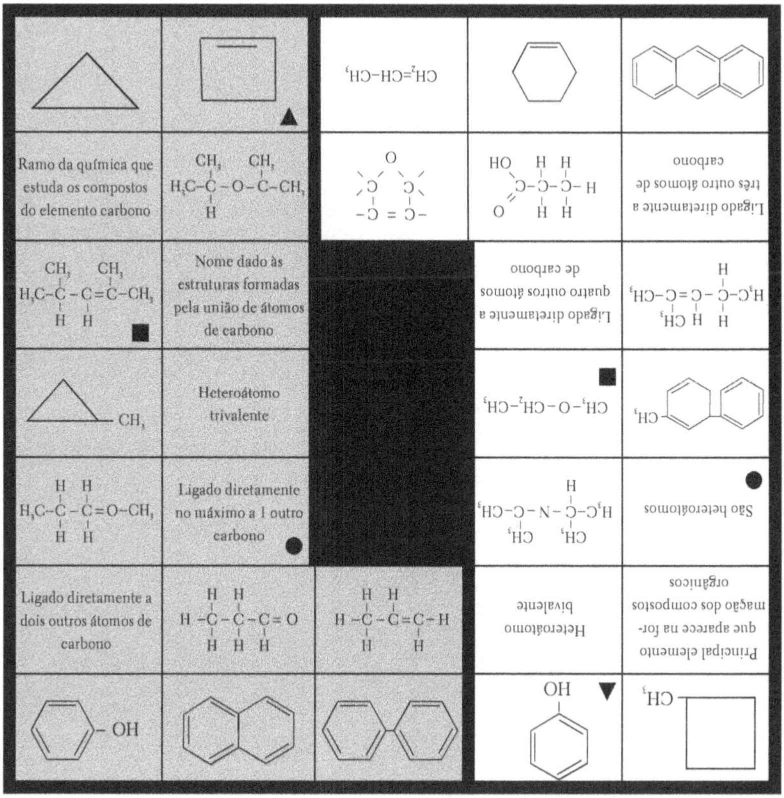

| | | | | |
|---|---|---|---|---|
| △ | ▢ ▲ | $CH_2=CH-CH_3$ | ⬡ | (antraceno) |
| Ramo da química que estuda os compostos do elemento carbono | $CH_3 \quad CH_3$ <br> $H_3C-C-O-C-CH_3$ <br> $H$ | (estrutura com O) | HO H H <br> $O=C-C-H$ <br> $H \ H$ | Ligado diretamente a três outros átomos de carbono |
| $CH_3 \quad CH_3$ <br> $H_3C-C-C=C-CH_3$ <br> $H \ H$ ■ | Nome dado às estruturas formadas pela união de átomos de carbono | (célula escura) | Ligado diretamente a quatro outros átomos de carbono | H <br> $H_3C-C=C-C-CH_3$ <br> $H \ H \ H$ |
| △ $CH_3$ | Heteroátomo trivalente | (célula escura) | $CH_3-O-CH_2-CH_3$ ■ | (naftaleno) $CH_3$ |
| H H <br> $H_3C-C-C=O-CH_3$ <br> $H \ H$ | Ligado diretamente no máximo a 1 outro carbono ● | (célula escura) | H <br> $H_3C-C-N-C-CH_3$ <br> $CH_3 \ CH_3$ | São heteroátomos ● |
| Ligado diretamente a dois outros átomos de carbono | H H <br> $H-C-C-C=O$ <br> $H \ H \ H$ | H H <br> $H-C-C=C-H$ <br> $H \quad H$ | Heteroátomo bivalente | Principal elemento que aparece na formação dos compostos orgânicos |
| (benzeno)–OH | (naftaleno) | (bifenila) | OH ▼ (fenol) | $CH_3$ ▢ |

## Figura 4.7 – Fichas com as respostas

| | | | | |
|---|---|---|---|---|
| Cadeia alicíclica saturada | Cadeia alicíclica, insaturada | Cadeia aberta, normal, insaturada, homogênea | Cadeia homocíclica insaturada | Cadeia aromática, polinuclear-nicleocondensado |
| Química orgânica | Cadeia aberta, ramificada, saturada, heterogênea | Cadeia heterocíclica insaturada | Cadeia aberta, normal, saturada, homogêna | Carbono terciário |
| Cadeia aberta, ramificada, insaturada, homogêmea | Cadeia carbônica | | Carbono quaternário | Cadeia ramificada, insaturada, homogênea |
| Cadeia mista | Nitrogênio | | Cadeia aberta, normal, saturada, heterogênia | Cadeia aromática polinuclear |
| Cadeia aberta, normal, saturada, heterogênea | Carbono primário | | Cadeia aberta, ramificada, saturada e heterogênea. | S, N, O, P. |
| Carbono secundário | Cadeia aberta, normal, saturada, homogêmea | Cadeia aberta, normal, insaturada, homogêmea | Oxigênio | Carbono |
| Cadeia aromática, mononuclear | Cadeia aromática, polinuclear, condensada | Cadeia aromática, polinuclear isolada | Cadeia aromática, mononuclear | Cadeia mista |

Figura 4.8 – Modelo da tabela para marcação dos pontos

| Equipe 1 | | | Equipe 2 | | |
|---|---|---|---|---|---|
| Soma dos dados | Valor da figura | Bônus | Soma dos dados | Valor da figura | Bônus |
| | | | | | |
| | | | | | |
| | | | | | |
| | | | | | |
| | | | | | |
| | | | | | |
| | | | | | |
| | | | | | |
| | | | | | |
| | | | | | |
| | | | | | |
| | | | | | |
| | | | | | |
| | | | | | |
| Soma parcial | | | Soma parcial | | |
| Soma total | | | Soma total | | |

## 4.2.5 Regras do jogo

A seguir, indicamos as regras do Jogo do L Invertido e também sugestões de pontuação e bonificação.

~ Jogam 2 equipes que podem ser constituídas de 2 até 5 estudantes cada.

~ O tabuleiro fica no meio das equipes, sendo cada L voltado para uma equipe.

~ Os círculos de cada equipe ficam espalhados na mesa (vermelhos espalhados ao lado da equipe de L vermelho e azuis espalhados ao lado da equipe de L azul), com os números voltados para cima. Os círculos vermelhos correspondem à equipe de L vermelho e os azuis à equipe de L azul.

~ Um aluno de cada equipe joga os 3 dados para decidir quem começa o jogo e o lado/cor do tabuleiro.

~ A equipe que conseguir a maior soma com os dados escolhe o lado do tabuleiro e também inicia o jogo.

~ Inicia-se o jogo com o lançamento dos dados; a soma obtida corresponde à ficha a ser respondida pela equipe.

~ A equipe discute entre si onde a resposta se encaixa e posiciona a ficha em cima da pergunta correspondente, com a resposta voltada para cima.

~ A outra equipe segue o mesmo procedimento e assim sucessivamente.

~ Quando, por meio da soma dos dados lançados, uma casa já estiver preenchida, a equipe tem o direito de lançar os dados novamente até encontrar uma soma que não esteja preenchida.

~ O jogo compreende de 15 rodadas; em cada rodada, é feito o lançamento de dados para as duas equipes.

~ Vence o jogo a equipe que conseguir o maior número de pontos.

## Pontuação

~ A soma dos dados lançados correspondente a cada ficha compõe a 1ª pontuação.

~ Além dos valores determinados pela soma dos dados, algumas casas do tabuleiro têm símbolos. A pontuação para esses símbolos são as seguintes:

~ ● – vale 7 pontos.

~ ■ – vale 5 pontos.

~ ▲ – vale 3 pontos.

~ Essa é a 2ª pontuação, caso a soma dos dados lançados coincida com uma dessas casas.

~ O sorteio de dados com faces iguais equivale a mais 1 ponto; uma bonificação.

~ As equipes têm chance de, em apenas uma rodada, marcar 3 pontuações diferentes: soma referente ao lance dos dados; símbolos do tabuleiro; bonificação para dados com faces iguais.

## Síntese

Motivar os estudantes para o desejo de aprender constitui um desafio constante para o professor que utiliza jogos educativos. No entanto, a busca de situações pedagógicas para inovar e complementar as aulas proporciona sempre ao educador um misto de prazer e a sensação de que está desempenhando seu papel com competência.

Este capítulo nos trouxe duas opções de jogos com dados e tabuleiros que podem propiciar momentos educacionais de muita descontração e motivação, agregando às práticas pedagógicas, e de forma relevante, novas maneiras de ensinar Química e Biologia. Dessa maneira, segundo Savi e Ulbricht (2008, p. 2), "por proporcionarem práticas educacionais atrativas e inovadoras, onde o estudante tem a chance de aprender de forma mais ativa, dinâmica e motivadora, os jogos educacionais podem se tornar auxiliares importantes do processo de ensino e aprendizagem".

Assim, o aspecto lúdico, por seu caráter desafiador, motivacional e construtivo, pode ser utilizado como proposta pedagógica e, até mesmo, ser inserido no planejamento disciplinar, transformando-se em um auxílio eficiente para o desenvolvimento curricular e proporcionando uma aprendizagem significativa.

É importante entendermos que o jogo educativo pode permitir ao professor formar uma visão mais ampla em relação ao interesse do estudante pelos conteúdos trabalhados e às dificuldades que este encontra. Além disso, aprender de forma lúdica é mais prazeroso e estimulante, até porque o aluno encara esse tipo de atividade sempre como um desafio.

# Indicações culturais

### Livros

DIAS, A.; COSTA, M. A.; GUIMARÃES, P. I. C. **Guia prático de química orgânica**. Rio de Janeiro: Interciência, 2003.

Nesse livro, os autores apresentam as principais técnicas usadas em química orgânica, utilizando um texto didático ilustrado por figuras das aparelhagens, o que facilita o entendimento dos vários processos.

POUGH, F. H.; JANIS, C. M.; HEISER, J. B. **A vida dos vertebrados**. São Paulo: Atheneu, 2003.

Esse é um ótimo livro para os professores que atuam na área biológica. Traz uma abordagem completa e atualizada sobre a vida dos vertebrados.

### *Sites*

BIOLOGIA ONLINE. Disponível em: <http://www.universitario.com.br/celo/index2.html>. Acesso em: 23 set. 2010.

Nesse *site* encontramos vídeos, animações, aulas *on-line*, entre outros, além de um banco de imagens e temas em PowerPoint®, que podem ser utilizados tanto pelo professor quanto pelo estudante.

Brasil Escola. Disponível em: <http://www.brasilescola.com/quimica/classificacao-das-cadeias-Carbonicas.htm>. Acesso em: 23 set. 2010.

Esse é um *site* riquíssimo que traz conteúdos de todas as disciplinas ofertadas no ensino médio, disciplinas do 1º ao 5º ano do ensino fundamental, além de uma seção de informações sobre vestibular e outra voltada aos professores.

## Atividades de autoavaliação

1. Com relação aos jogos com dados, marque V para alternativas verdadeiras e F para as falsas. Em seguida, assinale a opção que indica a sequência correta:

   ( ) Os dados podem ser usados em apenas um tipo de jogo de tabuleiro.

   ( ) Num formato cúbico, os dados atuais apresentam cinco faces, gravadas com pontos, em que cada face apresenta uma numeração entre um e cinco.

   ( ) Usamos dados para tirar a sorte e a função destes é dar um resultado aleatório que se restringe ao seu número de faces.

   ( ) Normalmente, num jogo com dados o foco principal se restringe ao próprio dado e o tabuleiro serve somente como um mero marcador de pontos.

   ( ) Jogar dados é uma técnica bastante recente.

a) F, V, V, V, F.
b) F, V, F, V, V.
c) V, V, F, V, F.
d) F, F, V, V, F.

2. Analise as afirmações a seguir e assinale a opção correta.
Sobre o Jogo dos Dados Biológicos, é correto afirmar:

I. No Jogo dos Dados Biológicos o objetivo principal é a chegada até o final do tabuleiro.

II. Avança-se pelas casas do tabuleiro conforme o número sorteado no dado.

III. Dependendo da casa sorteada, as possibilidades proporcionadas pelo jogo são "avance uma ou duas casas", "retorne uma ou duas casas" e o "trevo", cujo sorteio indica que o estudante pode avançar seis casas.

IV. O sorteio das casas implica responder corretamente às questões de biologia propostas.

a) Todas as afirmativas estão corretas.
b) Apenas as afirmativas I e II estão corretas.
c) Apenas as afirmativas I, II e IV estão corretas.
d) Apenas as afirmativas II, III e IV estão corretas.

3. Assinale a opção correta no que se refere às regras do Jogo dos Dados Biológicos:

I. Cada trevo dá chance ao estudante de avançar 6 casas.

II. As bombas levam o aluno ao início do jogo.

III. Sorteando a casa cinza, o educando deve pegar uma ficha de questões e respondê-la; se acertar, avança 3 casas; se errar, permanece na casa sorteada.

IV. As fichas respondidas corretamente permanecem no jogo.

V. Vence o jogo o estudante que chegar ao final.

a) Todas as afirmativas estão corretas.

b) Apenas as afirmativas III e IV estão incorretas.

c) Apenas as afirmativas I, II e III estão corretas.

d) Apenas as afirmativas III, IV e V estão corretas.

4. Marque V para as afirmações verdadeiras e F para as falsas para avaliar as sentenças que se referem à pontuação do Jogo do L Invertido. Em seguida, assinale a opção que indica a sequência correta:

( ) A soma dos dados lançados correspondente a cada ficha é a 1ª pontuação.

( ) Além dos valores determinados pela soma dos dados, algumas casas do tabuleiro têm símbolos, em que o círculo vale 3 pontos, o quadrado vale 5 pontos e o triângulo vale 7 pontos.

( ) O sorteio de dados com faces iguais equivale a 2 pontos.

( ) As equipes têm chance de, em apenas uma rodada, marcar 3 pontuações diferentes: soma referente ao lance dos dados; símbolos do tabuleiro; bonificação para dados com faces iguais.

( ) Vence o jogo a equipe que fizer mais pontos.

a) V, F, V, V, F.

b) F, V, F, V, V.

c) V, F, F, V, V.

d) F, V, V, F, V.

5. Marque V para afirmações verdadeiras e F para as falsas e, depois, assinale a opção que indica a sequência correta no que se refere às regras do Jogo do L Invertido:

( ) O jogo compreende 15 rodadas e em cada rodada é feito o lançamento de dados para as 2 equipes.

( ) A equipe que conseguir a menor soma com os dados escolhe o lado do tabuleiro e também inicia o jogo.

( ) A equipe discute entre si onde a resposta se encaixa e posiciona a ficha em cima da pergunta correspondente, com a resposta voltada para cima.

( ) Quando, por meio da soma dos dados lançados, uma casa já estiver preenchida, a equipe passa a vez para a equipe adversária.

( ) Vence o jogo a equipe que conseguir o maior número de pontos.

a) V, V, F, F, V.
b) V, F, V, F, V.
c) F, V, V, V, F.
d) V, F, V, V, F.

# Atividades de aprendizagem

### Questões para reflexão

1. Os compostos orgânicos preparados artificialmente podem ser divididos em dois grupos: compostos orgânicos naturais e compostos orgânicos sintéticos. Pesquise a diferença entre esses dois grupos, utilizando-se de exemplos.

2. Um caso de composto orgânico é o ácido acetilsalicílico (AAS), o principal componente da popular aspirina. Pesquise a composição química deste composto e para quais sintomas de doenças ele é utilizado.

**Atividades aplicadas: prática**

1. Pesquise sobre o tema. "A obesidade e a qualidade de vida", enfatizando os vários problemas que a obesidade pode causar nos seres humanos e sua interferência na qualidade de vida. (Essa atividade pode ser desenvolvida em equipes de até cinco estudantes.)

Sugestões de tópicos de pesquisa:

~ A obesidade como fator de risco para doenças que matam.

~ Fatores que levam à obesidade.

~ Doenças da obesidade.

~ Como prevenir a obesidade.

~ Dieta balanceada.

~ Índice de Massa Corporal (IMC): fórmula e tabela de valores de referência.

2. Aplique a fórmula do IMC em pelo menos 15 estudantes de uma escola, com suas respectivas idades, e compare com a tabela de valores de referência a seguir.

Classificação de peso pelo IMC

| Classificação | IMC (kg/m²) | Risco de comorbidades |
|---|---|---|
| Baixo peso | < 18,5 | Baixo |
| Peso normal | 18,5 a 24,9 | Médio |
| Sobrepeso | ≥ 25 | − |
| Pré-obeso | 25,0 a 29,9 | Aumentado |
| Obeso I | 30,0 a 34,9 | Moderado |
| Obeso II | 35,0 a 39,9 | Grave |
| Obeso III | ≥ 40,0 | Muito grave |

Fonte: ABESO, 2009.

3. Relate a sua pesquisa e a aplicação do IMC com os estudantes, identificando aqueles que estão dentro da faixa normal e aqueles que precisam cuidar melhor da alimentação.

# Capítulo 5

O quebra-cabeça é um jogo que objetiva a resolução de um problema e tem como fundamento básico a construção de um desenho por meio da montagem de um conjunto de peças. Nesse tipo de jogo, o raciocínio é mais importante do que a agilidade e a força física. Na tentativa de montar a figura, o estudante descobre as relações entre suas partes e o todo e vai testando caminhos para o encaixe correto das peças que a compõem.

# Jogos de Quebra-Cabeça

*As qualidades ou virtudes são construídas por nós no esforço que nos impomos para diminuir a distância entre o que dizemos e o que fazemos. (Paulo Freire, 1996, p. 65)*

Os quebra-cabeças são normalmente usados como passatempo e podem apresentar diferenças quanto ao número e ao formato das peças, bem como em relação ao material utilizado para confeccioná-los. Dessa forma, propomos, neste capítulo, a utilização de quebra-cabeças para constituir uma atividade de apoio ao processo de ensino-aprendizagem e que pode proporcionar descontração e prazer entre os alunos, bem como entusiasmá-los para o ato de aprender. Além disso, "o jogo ensina a conviver com regras e a encontrar soluções para desafios, em parte, previstos. Na brincadeira, há mais liberdade de criação, de reorganização. Os dois são importantes para a aprendizagem" (Moran, 2008, p. 111).

Os quebra-cabeças apresentados neste capítulo estão adaptados para montagem em equipes, são do tipo montagem plana e abordam os seguintes conteúdos: heredogramas e hidrocarbonetos aromáticos.

# 5.1 Quebra-Cabeça Genealógico

Para estudar uma característica qualquer da espécie humana, os geneticistas buscam obter uma visão global da transmissão de caracteres e, para isso, montam esquemas, aos quais dão o nome de *genealogias* ou *heredogramas*. Com base nesses esquemas, é possível, por exemplo, prevenir e esclarecer diversos casais com relação a possíveis casos de doenças hereditárias por meio de um aconselhamento genético.

Para Santos (2005, p. 52), o estudo das genealogias é importante porque "possibilitará reflexões sobre os fatores relacionados à diversidade de modelos explicativos para os fenômenos hereditários, conhecimentos imprescindíveis para educadores e pesquisadores no campo educacional".

Nesse contexto, utilizamos o quebra-cabeça para introduzir, fixar e/ou revisar conteúdos referentes à genética humana, assunto que faz parte do programa de Biologia, abordando, em especial, o levantamento de heredogramas e o aconselhamento genético.

### 5.1.1 Objetivos do jogo

Os objetivos a serem desenvolvidos com o Quebra-Cabeça Genealógico são:

- ~ estimular a memória para apropriação dos símbolos frequentemente utilizados em genealogia;
- ~ promover a sociabilização entre os estudantes;
- ~ estimular a participação e a colaboração no trabalho em equipe;

~ desenvolver habilidades para a descoberta da montagem correta do quebra-cabeça.

## 5.1.2 Conteúdos de biologia: genética humana

A **genética humana** é o estudo da herança das características na espécie humana, constituindo um ramo especial da biologia. Tem sido descoberto ultimamente que várias doenças são hereditárias; portanto, conhecer o modo como são transmitidas geneticamente, em muitos casos, pode ajudar as pessoas a prevenirem ou adiarem o desenvolvimento dos sintomas dessas doenças.

Na espécie humana, a determinação do padrão de herança das características depende do levantamento do histórico familiar, a fim de se descobrir quais membros da família apresentam uma dada marca genética. Dessa maneira, o geneticista consegue saber se a pessoa carrega ou não essa herança genética e de que modo a doença é herdada.

O **aconselhamento genético** consiste em esclarecer os casais que têm casos de doenças hereditárias na família sobre o risco de seus filhos virem a manifestar essas doenças, pois assim podem optar por ter ou não filhos. Em caso de aceitação, tomarão as providências necessárias, fazendo com que o bebê seja examinado logo após o nascimento. Isso é importante, pois algumas doenças genéticas podem ser evitadas se o portador da marca genética for tratado desde o nascimento.

Para estudar qualquer característica da espécie humana, como mencionamos anteriormente, é preciso montar um esquema, que pode ser chamado de *genealogia* ou *heredograma*, que fornece uma visão geral da transmissão de caráter de cada ser humano. Assim, podemos definir *genealogia* como uma representação gráfica que mostra os dados de uma família referentes à incidência de determinada característica. A Figura 5.1 descreve todas as convenções que, de acordo com Silva Júnior e Sasson (2005b, p. 37), costumam ser usadas quando se trabalham esquemas de genealogia.

**Figura 5.1 – Símbolos utilizados em genealogia**

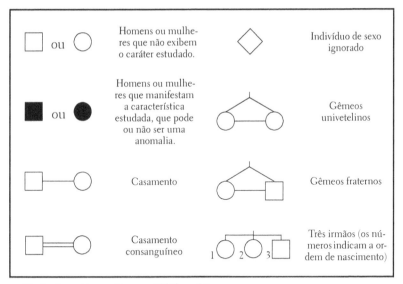

Fonte: SILVA JÚNIOR; SASSON, 2005b, p. 37.

Os diferentes grupos sanguíneos que formam o sistema ABO na espécie humana foram descobertos pelo médico austríaco Karl Landsteiner, no ano de 1900. Ao misturar gotas de sangue de pessoas diferentes em lâminas de vidro, ele observou que em algumas situações havia a aglutinação das hemácias e que em outras isso não ocorria. As hemácias compreendem os glóbulos vermelhos do sangue e sua aglutinação ocorre quando elas se aderem umas às outras. Portanto, a aglutinação é uma característica de reação antígeno-aglutinina.

Cada indivíduo apresenta apenas um tipo sanguíneo, e este é classificado pela presença de antígenos e aglutininas. AGLUTINOGÊNIO é o nome dado aos antígenos que estão localizados na superfície das hemácias e AGLUTININA é o nome dado para os anticorpos que se encontram no plasma.

Existem dois tipos de aglutinogênio, A e B, e dois tipos de aglutinina, anti-A e anti-B. Pessoas do grupo A apresentam aglutinogênio A nas hemácias e aglutinina anti-B no plasma; as do grupo B têm aglutinogênio B nas hemácias e aglutinina anti-A no plasma; as do grupo AB têm aglutinogênios A e B nas hemácias e nenhuma aglutinina no plasma; as do grupo O não têm aglutinogênios nas hemácias, mas apresentam as duas aglutininas, anti-A e anti-B, no plasma.

As aglutinações que caracterizam as incompatibilidades sanguíneas ocorrem quando a pessoa que tem determinada aglutinina recebe sangue com aglutinogênio correspondente. Veja no quadro a seguir os tipos possíveis de transfusão sanguínea entre pessoas de diferentes grupos sanguíneos.

**Quadro 5.1 – Possibilidades de transfusão sanguínea**

| Tipo sanguíneo | Recebe de | Doa para |
|---|---|---|
| A | A e O | A e AB |
| B | B e O | B e AB |
| AB | A, B, AB e O | AB |
| O | O | A, B, AB e O |

Fonte: SILVA JÚNIOR; SASSON, 2005b, p. 62.

### 5.1.3 Confecção do jogo

Para a confecção do Quebra-Cabeça Genealógico são necessários alguns materiais, listados a seguir:

~ papel-cartão ou cartolina (o papel-cartão deixa as peças do quebra-cabeça mais firmes);

~ tesoura;

~ papel sulfite;

~ pincel atômico na cor preta (opcional) para desenhar os símbolos do heredograma (são 8, à escolha do professor) e as linhas que demarcarão as peças a serem recortadas;

~ oito símbolos do heredograma, à escolha do professor;

~ dois envelopes para guardar os quebra-cabeças (um para cada equipe).

Para facilitar o trabalho do docente, orientamos que sejam obervados os seguintes procedimentos: recortar 8 tiras da cartolina, nas medidas de 12 cm de largura por 6 cm de altura (tamanho opcional); com o uso do pincel, desenhar os símbolos das genealogias nas tiras; dividir aleatoriamente cada tira em 7 partes, como num quebra-cabeça comum (divisão opcional); separar 4 símbolos para cada envelope; recortar as peças predemarcadas e colocá-las nos envelopes; usando papel sulfite, recortar outras 8 tiras menores, nas medidas de 6 cm de largura por 1 cm de altura; escrever em cada tira os nomes dos símbolos.

### 5.1.4 Modelo do Quebra-Cabeça Genealógico

A Figura 5.2 traz o modelo do Quebra-Cabeça Genealógico, especificando as peças, divididas aleatoriamente, para cada equipe. Para cada uma há quatro heredogramas diferentes, sendo cada um composto por 7 peças, conforme modelo apresentado a seguir.

Figura 5.2 – Peças do Quebra-Cabeça Genealógico

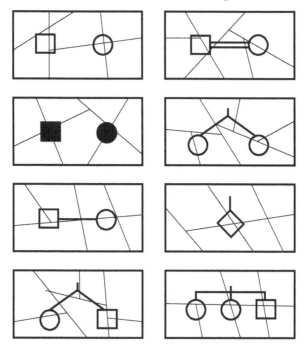

### 5.1.5 Regras do jogo

Assim como ocorre em outros jogos, o Quebra-Cabeça Genealógico também tem suas regras:

- ~ As equipes são formadas por 5 estudantes. Cada equipe recebe um envelope com 4 quebra-cabeças, cada um composto por um símbolo diferente.
- ~ Cada equipe deve espalhar as peças na mesa.
- ~ O professor dá um sinal para que todos iniciem ao mesmo tempo o jogo (sinal opcional).
- ~ Vence o jogo a equipe que montar os 4 quebra-cabeças e colocar o nome correto ao lado do símbolo já montado.

Apresentamos, na sequência, uma maneira de se pontuar esse jogo. Essa pontuação é opcional e pode até mesmo ser utilizada como um dos instrumentos avaliativos.

~ Para cada símbolo montado corretamente, a equipe ganha 10 pontos.
~ Para cada identificação correta dos símbolos montados, a equipe ganha 5 pontos.
~ Para cada identificação errada dos símbolos montados, a equipe perde 2 pontos.

## 5.2 Quebra-Cabeça Químico

Um fato importante e curioso no uso do quebra-cabeça como apoio no processo de ensino-aprendizagem é a liberdade que o estudante tem de jogar, tanto individualmente quanto em equipe. Ao olhar o desenho do quebra-cabeça já montado, cria-se a impressão de que a montagem é de fácil realização; porém, quando as peças são misturadas, a sensação aparente é a de perda de referência e, de repente, o que aos nossos olhos parecia tão fácil pode tornar-se complicado.

No entanto, o desafio e a liberdade que o estudante tem na busca dos encaixes perfeitos fazem dessa ação um momento mágico, no qual a preocupação com o fato de ter de ler e reler várias vezes o mesmo conteúdo, com o intuito de entendê-lo e de se preparar para o jogo, passa despercebida, exatamente pelo interesse e pela vontade de organizar as peças corretamente. É nesse momento que o aluno vai criando as figuras, usando sua memória, de uma forma estimulante e interessante. Desse modo, concordamos com o que Kraemer (2007, p. 15) afirma:

> Aulas "diferentes", criativas e atividades atraentes ajudam a conquistar os estudantes. Ao substituir aulas monótonas por atividades lúdicas educativas, o professor desperta nos estudantes o interesse

*pela aprendizagem num clima descontraído e criativo. O professor é o espelho dos seus estudantes e deve ser o grande estimulador da aprendizagem, porém não existem fórmulas mágicas. O que deve existir é um professor com visão atualizada no que diz respeito ao ensino e que ouse utilizar novas técnicas de aprendizagem nas quais o aprender torne-se uma atividade agradável.*

Utilizamos nesse quebra-cabeça os hidrocarbonetos aromáticos, uma classificação dos hidrocarbonetos que constitui uma das funções da química orgânica. Segundo Feltre (2004b, p. 60),

*os hidrocarbonetos aromáticos são uma família tão numerosa que é impossível representá-los por uma única fórmula geral. É interessante notar, também, que os hidrocarbonetos aromáticos formam tantos derivados, e de tal importância, que a 'Química dos Aromáticos' é considerada, às vezes, um ramo especial dentro da Química Orgânica.*

Na sequência descrevemos os objetivos a serem alcançados com o Quebra-Cabeça Químico.

### 5.2.1 Objetivos do jogo

Seguem os objetivos para o Quebra-cabeça Químico:

~ estimular o aluno para a apropriação de conteúdos referentes a alguns hidrocarbonetos aromáticos;

~ promover a sociabilização entre os estudantes;

~ estimular a participação e a colaboração no trabalho em equipe;

~ desenvolver habilidades para a descoberta da montagem correta do quebra-cabeça.

## 5.2.2 Conteúdos de química: hidrocarbonetos aromáticos

Os compostos formados exclusivamente por carbono e hidrogênio são denominados *hidrocarbonetos* e constituem uma classe de compostos orgânicos grande, variada e muito relevante, já que o hidrocarboneto é um dos principais constituintes do petróleo.

Entre as várias classificações dos hidrocarbonetos, encontramos um grupo constituído apenas por anéis benzênicos ou aromáticos, podendo apresentar um ou mais anéis em sua molécula: os **hidrocarbonetos aromáticos**.

O hidrocarboneto aromático mais simples, ou seja, o que apresenta apenas um anel benzênico, recebe o nome de *benzeno*. Conforme explicações de Feltre (2004b, p. 59), "o benzeno é um líquido incolor, volátil, inflamável e muito tóxico". O benzeno é representado da seguinte maneira:

Existe uma nomenclatura para os hidrocarbonetos aromáticos, embora seja muito comum designá-los por nomes particulares. Vamos apresentar essa nomenclatura tomando como base as explanações de Feltre (2004b).

Segundo ele (Feltre, 2004b), os hidrocarbonetos que apresentam um único anel benzênico e uma ou mais ramificações saturadas são denominados *hidrocarbonetos alquil-benzênicos* ou simplesmente *benzênicos*. A nomenclatura, nesse caso, é formada pela palavra *benzeno* precedida dos nomes das ramificações, e a numeração dos carbonos do anel deve partir da ramificação mais simples, prosseguindo no sentido que resulte nos menores números possíveis.

Exemplo:

CH₃
⌬  Metil-benzeno (nome mais usado: tolueno)

Para duas ramificações, usamos os prefixo *orto* (o), *meta* (m) e *para* (p), os quais indicam as posições.

Exemplos:

  1,2-dimetil-benzeno ou o-dimetil-benzeno, ou o-xileno

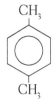  1,3-dimetil-benzeno, ou m-dimetil-benzeno ou m-xileno

CH₃
⌬   1,4-dimetil-benzeno, ou p-dimetil-benzeno, ou p-xileno
CH₃

Para Feltre (2004b, p. 62), "os grupos monovalentes, derivados dos hidrocarbonetos aromáticos pela subtração de um hidrogênio do anel aromático, denominam-se grupos aril (ou arila), e são representados simbolicamente por -Ar".

Exemplos:

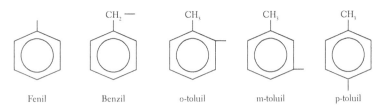

Como dissemos anteriormente, na família dos anéis aromáticos é muito comum a utilização de nomes particulares. A seguir, citamos alguns que podem auxiliar os estudantes na nomenclatura dos hidrocarbonetos presentes no quebra-cabeça.

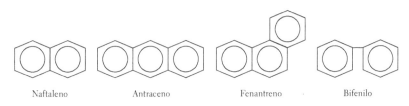

### 5.2.3 Confecção do jogo

Os materiais e os procedimentos necessários para a confecção do Quebra-Cabeça Químico estão indicados a seguir:

- ~ papel-cartão ou cartolina;
- ~ tesoura;
- ~ pincel atômico na cor preta (opcional) para desenhar os hidrocarbonetos (são 10, à escolha do professor) e as linhas que demarcarão as peças a serem recortadas;
- ~ 2 envelopes para guardar os quebra-cabeças (1 para cada equipe).

Os procedimentos são os seguintes: recortar 10 tiras do papel-cartão nas medidas de 10 cm de largura por 10 cm de altura (tamanho opcional); com o uso do pincel, desenhar os hidrocarbonetos aromáticos nos quadrados recortados; dividir aleatoriamente cada quadrado em oito partes, como num quebra-cabeça comum (divisão opcional); separar 5 hidrocarbonetos para cada envelope; recortar as peças predemarcadas e colocá-las nos envelopes.

### 5.2.4 Modelo do Quebra-Cabeça Químico

No Quebra-Cabeça Químico, utilizamos dez hidrocarbonetos, os quais foram citados anteriormente. A Figura 5.3 apresenta as cinco peças referentes à Equipe 1, e a Figura 5.4, as outras cinco peças para a Equipe 2.

Figura 5.3 – Peças do Quebra-Cabeça Químico – Equipe 1

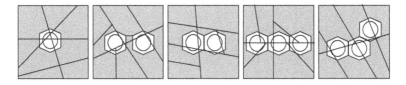

Figura 5.4 – Peças do Quebra-Cabeça Químico – Equipe 2

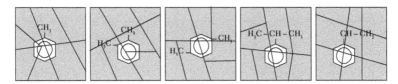

### 5.2.5 Regras do jogo

As regras do Quebra-Cabeça Químico são as seguintes:
~ As equipes devem ser formadas por 4 estudantes (opcional).

~ Cada equipe recebe um envelope com 5 quebra-cabeças, cada qual com um hidrocarboneto diferente.

~ Cada equipe deve espalhar as peças na mesa.

~ O professor dá um sinal para que todos iniciem o jogo ao mesmo tempo (sinal opcional).

~ Vence o jogo a equipe que montar os 5 quebra-cabeças e completar corretamente a tabela que segue.

**Quadro 5.5 – Modelo da tabela a ser completada – Equipe 1**

| Hidrocarbonetos aromáticos | Nomes dos hidrocarbonetos |
|---|---|
| | |
| | |
| | |
| | |
| | |

Quadro 5.6 – Modelo da tabela a ser completada – Equipe 2

| Hidrocarbonetos aromáticos | Nomes dos hidrocarbonetos |
|---|---|
| $CH_3$ benzeno com substituinte | |
| $CH_3$ $CH_3$ benzeno dissubstituído | |
| $CH_3$ $CH_3$ benzeno dissubstituído | |
| $H_3C - CH - CH_3$ benzeno com substituinte | |
| $CH - CH_3$ benzeno com substituinte | |

## Pontuação

Apresentamos a seguir sugestões para a pontuação do Quebra-Cabeça Químico, compreendendo o quebra-cabeça montado e a tabela que deve ser completada para finalizar o jogo.

Jogos no ensino de Química e Biologia ~ 173

a) **Para o quebra-cabeça montado:**

O grupo que terminar a montagem primeiro recebe 70 pontos; cada equipe que for finalizando a montagem receberá 2 pontos a menos que a equipe que terminou antes.

b) **Para a tabela:**

O grupo que completar corretamente a tabela primeiro recebe 30 pontos, porém cada hidrocarboneto de nomenclatura errada acarreta ao grupo a perda de 2 pontos.

## Síntese

Ficou claro, neste capítulo, que o professor precisa refletir sobre a sua prática pedagógica e buscar novas metodologias, assim como materiais didáticos diferenciados, para conquistar os estudantes e aguçar-lhes o desejo de aprender.

Vimos que, por meio de materiais de baixo custo, é possível transformar atividades conhecidas comumente como *passatempo* em recursos didáticos que possibilitam o desenvolvimento de vários conteúdos, sejam de química, sejam de biologia ou ainda de outras ciências, de forma atraente e lúdica.

A utilização de recursos didáticos como os quebra-cabeças apresentados neste capítulo acaba levando o estudante a momentos de distração, justamente pelo desejo de ver que figura irá se formar e, ao mesmo tempo, instiga-o a querer vencer o jogo. Assim, seu desempenho é otimizado e ele trabalha com seus companheiros, ajudando-os, mesmo sem perceber. Ao final do jogo, podemos notar que existe aprendizagem em diferentes áreas, tanto no que se refere aos conteúdos propostos sem imposição quanto em relação ao companheirismo, à sociabilidade, às habilidades motoras, entre outras.

# Indicações culturais

## Livros

LIEURY, A.; FENOUILLET, F. **Motivação e aproveitamento escolar**. São Paulo: Edições Loyola, 2000.

Esse livro apresenta uma linguagem simples e clara, reunindo obras científicas relacionadas à motivação. Os autores classificam a motivação intrínseca e a motivação extrínseca, enfatizando também os fatores desmotivação e desânimo.

MAGALHÃES, M. **Tudo o que você faz tem a ver com química**. São Paulo: Livraria da Física, 2007.

Esse livro é direcionado a estudantes do ensino médio e também a pessoas que passaram por essa etapa de ensino sem perceber a química em seu cotidiano. A autora apresenta conteúdos químicos de forma contextualizada, buscando abordar algumas das interações mais comuns da química com o dia a dia das pessoas.

SANTOS, S. **Para geneticistas e educadores**: o conhecimento cotidiano sobre herança biológica. São Paulo: Annablume, 2005.

Nesse livro, a autora aborda as origens e a diversidade das ideias cotidianas sobre herança biológica entre aqueles que convivem diariamente com doenças genéticas.

## Sites

PROF. ROSSETTI E QUÍMICA. Disponível em: <http://www.rossetti.eti.
br>. Acesso em: 27 set. 2010.

Nesse *site*, encontramos um banco de dados com vários temas direcionados ao ensino de Química, além de um dicionário da área.

GENÉTICA: PROF.ª CYNARA. Disponível em: <http://www.cynara.com.
br/genetica.htm>. Acesso em: 27 set. 2010.

*Site* que traz várias classificações da biologia, como citologia, ecologia, embriologia e evolução, que podem auxiliar tanto professores
quanto estudantes.

# Atividades de autoavaliação

1. Analise as afirmativas a seguir relacionadas aos jogos com quebra-
-cabeças e depois assinale a opção correta:

   I. O quebra-cabeça é um jogo que estabelece como objetivo a resolução de um problema e que tem como fundamento básico a
   construção de um desenho, por meio de um conjunto de peças.

   II. Nesse tipo de jogo o raciocínio é mais importante que a agilidade e a força física.

   III. Na tentativa de montar a figura, o estudante descobre as relações
   entre suas partes e o todo e vai testando caminhos para um encaixe correto das peças que a compõem.

IV. Os quebra-cabeças são normalmente usados como passatempo, porém não apresentam diferenças quanto ao número de peças nem quanto ao formato destas.

a) Apenas as afirmativas I e II estão corretas.
b) Apenas as afirmativas I e II estão incorretas.
c) Apenas a afirmativa IV está incorreta.
d) Apenas as afirmativas I e IV estão corretas.

2. Sobre a pontuação do Quebra-Cabeça Genealógico, marque V para as afirmações verdadeiras e F para as falsas e, depois, assinale a opção que indica a sequência correta:

( ) O jogo pede a formação de equipes de 5 estudantes.
( ) Cada equipe recebe um envelope que contém 4 quebra-cabeças, com 4 símbolos diferentes.
( ) Vence o jogo a equipe que montar os 4 quebra-cabeças e colocar o nome correto ao lado do símbolo já montado.
( ) O jogo é constituído de 10 símbolos do heredograma, à escolha do professor.
( ) Para cada símbolo montado corretamente, a equipe ganha 5 pontos.

a) V, F, V, V, F.
b) F, V, V, F, V.
c) V, V, V, F, F.
d) V, V, F, F, F.

3. Faça a correspondência entre os jogos de quebra-cabeças e às suas pontuações e, em seguida, assinale a opção que apresenta a sequência correta:

I. Quebra-Cabeça Genealógico
II. Quebra-Cabeça Químico

(   ) O grupo que terminar primeiro recebe 70 pontos.

(   ) Cada hidrocarboneto de nomenclatura errada acarreta ao grupo a perda de 2 pontos.

(   ) Para cada identificação correta dos símbolos montados a equipe ganha 5 pontos.

(   ) Para cada identificação errada dos símbolos montados a equipe perde 2 pontos.

(   ) Cada equipe recebe um envelope com 5 quebra-cabeças, cada qual com um hidrocarboneto diferente.

a) I, I, II, II, I.
b) II, II, I, I, II.
c) II, I, I, II, II.
d) I, II, I, II, I.

1. Marque V para afirmações verdadeiras e F para as falsas no que se refere à utilização de quebra-cabeças como apoio ao processo de ensino-aprendizagem e, em seguida, assinale a opção correta:

(   ) Um fato importante e curioso no uso do quebra-cabeça como apoio no processo de ensino-aprendizagem é a obrigação que o estudante tem de jogar, tanto individualmente quanto em equipe.

(   ) Ao olhar o desenho do quebra-cabeça já montado, cria-se a impressão de que a montagem é de difícil realização, porém, quando as peças são misturadas, a sensação é de que é algo muito fácil.

( ) O desafio e a liberdade que o estudante tem na busca dos encaixes perfeitos fazem desse tipo de jogo um momento mágico, no qual a preocupação com o fato de ter de ler e reler várias vezes o mesmo conteúdo, com o intuito de entendê-lo e de se preparar para o jogo, passa despercebida, exatamente pelo interesse e pela vontade de organizar as peças corretamente.

( ) É nesse momento de liberdade que o aluno vai criando as figuras, usando sua memória, de uma forma estimulante e interessante.

( ) Os jogos com quebra-cabeças podem ser utilizados como apoio ao processo de ensino-aprendizagem, afinal de contas, o jogo ajuda na convivência com regras.

a) F, F, F, V, V.
b) F, F, V, V, V.
c) F, F, V, V, F.
d) F, V, F, V, F.

2. "O professor é o espelho dos seus estudantes e deve ser o grande estimulador da aprendizagem, porém não existem fórmulas mágicas. O que deve existir é um professor com visão atualizada no que diz respeito ao ensino e que ouse utilizar novas técnicas de aprendizagem nas quais o aprender torne-se uma atividade agradável". Essa afirmação é de autoria de:

a) Silvana Santos.
b) Ricardo Feltre.
c) Maria Luiza Kraemer.
d) José Manuel Moran.

# Atividades de aprendizagem

## Questões para reflexão

1. Entre as doenças hereditárias está a fenilcetonúria, que ocorre pela ausência de uma enzima, o que impede o metabolismo do aminoácido fenilalanina e sua eliminação pelo organismo. Com base nessa informação, pesquise:

   a) O que o excesso de fenilalanina provoca no sangue?
   b) Existe tratamento para a fenilcetonúria? Se existe, explique-o.
   c) O Teste do Pezinho detecta a fenilcetonúria. Explique como é esse teste e quando ele deve ser realizado.

2. Pesquise alguns dos hidrocarbonetos utilizados no Quebra-Cabeça Químico, buscando registrar suas aplicabilidades em nosso cotidiano.

## Atividades aplicadas: prática

1. Agora que já vimos vários tipos de jogos, a aplicação prática que se pede é que os estudantes escolham um dos jogos apresentados no livro, fazendo adaptações de conteúdos de química ou de biologia de acordo com as suas preferências. Em seguida, os alunos devem confeccionar o jogo adaptado e aplicá-lo em sala de aula com os demais colegas de classe. Para a realização dessa prática, sugerimos a formação de equipes de no máximo seis estudantes.

# Considerações finais

A utilização dos jogos educativos pode viabilizar uma forma diferenciada de fazer educação, capaz de possibilitar situações de introdução, revisão e reforço de conteúdos, que, por sua vez, podem ser avaliados ou não pelo professor. Os jogos educativos podem também ser vistos como instrumentos interessantes e motivadores no processo de ensino-aprendizagem.

Os jogos apresentados neste livro compreendem recursos pedagógicos que podem contribuir de maneira positiva e significativa para o desenvolvimento do raciocínio tanto na disciplina de Química quanto na de Biologia, para a socialização e a interação entre os educandos e, principalmente, para promover situações de aprendizagem.

Esses recursos mediadores de avanços conduzem o estudante à exploração de sua criatividade, à melhoria de sua conduta e, também, de sua autoestima. O indivíduo criativo é um elemento importante para o funcionamento efetivo da sociedade, pois ele é capaz de fazer descobertas, inventar e promover mudanças.

As práticas pedagógicas realizadas com a utilização de jogos educativos visam potencializar a construção do conhecimento dos estudantes de forma divertida, atraente, dinâmica e repleta de desafios. Isso fica muito claro se analisarmos os depoimentos de alguns professores que já utilizaram jogos educacionais em suas aulas.

Para a coleta desses dados, foi elaborado um questionário com três perguntas, abordando-se os seguintes aspectos: se os professores já utilizaram jogos em suas aulas; com que finalidades os professores utilizaram esses jogos; de que maneira os jogos podem contribuir efetivamente para o processo de aprendizagem. Participaram dessa pesquisa 34 professores, ministrantes de aulas de Química e de Biologia e atuantes na Rede Estadual de Ensino da cidade de Curitiba, no Estado do Paraná.

A seguir, você pode conferir alguns dos depoimentos que recolhemos em uma pesquisa qualitativa realizada no âmbito de um curso ministrado para professores do ensino médio em curso de formação continuada.

*Professor 1 – "O jogo motiva, aproxima, melhora o relacionamento, desenvolve concentração e interesse e torna a aula muito interessante, melhorando a aprendizagem em geral".*

*Professor 2 – "Os jogos estimulam vários fatores favoráveis ao processo de ensino-aprendizagem. Também aproximam o professor e os estudantes, estabelecendo um ambiente propício ao aprendizado".*

*Professor 3 – "Os estudantes se alegram pela metodologia diversificada".*

*Professor 4 – "Sempre usei os jogos para fixação dos conteúdos ou reforço dos conteúdos ou ainda como revisão para as provas".*

*Professor 5 – "Faz com que os estudantes pensem, observem e gostem dos conteúdos".*

*Professor 6 – "Os jogos desenvolvem competitividade, superação, habilidades, raciocínio etc.".*

*Professor 7 – "Além das aulas se tornarem mais interessantes, os estudantes aprendem os conteúdos de uma maneira divertida".*

*Professor 8 – "Como foi visto nesse curso, os jogos auxiliam na sociabilidade entre os estudantes, bem como na criatividade e espírito de cooperação".*

Diante desses depoimentos, concluímos nossas reflexões na expectativa de que os jogos propostos neste livro possam servir como exemplos de práticas pedagógicas possíveis de serem aplicadas em sala de aula, até mesmo para os estudantes que futuramente vierem a optar pelo magistério.

Que juntos possamos inovar nossas práticas pedagógicas e diversificar nossas maneiras de ensinar com metodologias cativantes, instigando e envolvendo os estudantes e, ainda, depertando-lhes o desejo de aprender e de buscar conhecimento a fim de que se formem como pessoas críticas, reflexivas e dinâmicas para a vivência em sociedade.

# Glossário

**Acíclico**: em que não há ciclo.

**Aglutinina**: anticorpo natural presente no sangue de determinadas pessoas.

**Aglutinogênio**: substância presente na superfície das hemácias que provoca aglutinação ao reagir com uma aglutinina complementar.

**Alcalino**: que tem valor de pH maior que 7.

**Antígeno**: substância estranha ao organismo que provoca uma reação de defesa imunitária.

**Antraceno**: hidrocarboneto aromático extraído do alcatrão hulha.

**Artéria**: cada um dos vasos que levam o sangue desde o coração até às partes restantes do corpo.

**Aurículas**: cavidades superiores do coração.

**Cardiovascular**: que se relaciona ao mesmo tempo com o coração e os vasos.

**Cíclico**: que forma ciclos.

**Citoplasma**: região da célula compreendida entre a membrana plasmática e o núcleo das células eucarióticas.

**Coenzima**: substância orgânica necessária ao funcionamento de certas enzimas.

**Colédoco**: canal que conduz a bile ao duodeno.

**Deglutição**: engolimento; absorção de líquidos.

**Diafragma**: membrana muscular que separa internamente o tórax do abdome nos animais mamíferos.

**Dúctil**: que é fácil de moldar.

**Enzima**: catalisador biológico de natureza proteica que facilita a ocorrência das reações biológicas porque diminui a energia de ativação dos reagentes.

**Esfíncter**: nome genérico dos músculos circulares que fecham as cavidades a que correspondem.

**Estratégia**: arte de traçar os planos de uma guerra.

**Eucariontes**: seres vivos com células eucarióticas, ou seja, com um núcleo celular, rodeado pela membrana plasmática (citoplasma) e com várias organelas.

**Evasão**: fuga; escapada.

**Fenilalanina**: aminoácido essencial encontrado na composição das proteínas animais ou vegetais.

**Fisiologia:** parte da biologia que estuda as funções dos órgãos nos seres vivos, animais ou vegetais.

**Geneticista:** especialista em genética.

**Glândulas:** órgão esponjoso ou vascular que segrega algum líquido orgânico.

**Glicoproteína:** proteína complexa que contém uma fração de glicídios.

**Hemácias:** células vermelhas do sangue dos animais vertebrados.

**Hereditário:** que se transmite por herança de pais para filhos.

**Heteroátomo:** átomo diferente de carbono e hidrogênio que na cadeia carbônica está entre dois átomos de carbono.

**Hialoplasma:** porção gelatinosa coloidal do citoplasma na qual estão mergulhados os orgânulos e as inclusões celulares.

**Hidrocarboneto:** combinação do carbono com hidrogênio.

**Hipertireoidismo:** produção excessiva de hormônios pela glândula tireoide.

**Hipotireoidismo:** insuficiência de funcionamento da glândula tireoide.

**Ileocecal:** estrutura anatômica situada na transição entre a porção final do intestino delgado, chamada de *íleo*, e a parte inicial do intestino grosso, chamada de *ceco*.

**Imunidade:** propriedade de um organismo vivo de estar isento de determinada doença.

**Interdisciplinaridade:** o que é comum a várias disciplinas.

**Linfático:** por onde circula a linfa.

**Lipases**: denominação genérica das enzimas que digerem lipídios.

**Lipídio**: substância orgânica que constitui parte da matéria viva e fornece energia.

**Liquefeito**: derretido, reduzido a líquido.

**Lúdico**: relativo ao jogo ou ao divertimento.

**Mapa conceitual**: instrumento ou meio utilizado para representar graficamente partes do conhecimento adquirido sobre determinado tema.

**Membrana plasmática**: fina película que delimita o citoplasma de todos os tipos de células vivas.

**Metabolismo**: conjunto de transformações químicas.

**Metodologia**: aplicação do método ao ensino.

**Microelementos**: elementos básicos que auxiliam nas formas nutritivas e nutrientes.

**Miocárdio**: parte musculosa do coração.

**Naftaleno**: hidrocarboneto aromático formado por dois núcleos benzênicos ligados, principal constituinte da naftalina.

**Naipe**: sinal que distingue cada um dos quatro grupos das cartas de um baralho.

**Paradigma**: o que serve de exemplo geral ou de modelo.

**Peristáltico**: movimento ou contração do esôfago, do estômago e dos intestinos.

**Pinocitose**: processo pelo qual certas células ingerem líquidos ou pequenas partículas através de canalículos que se formam em sua membrana plasmática.

**Plasma:** fluido de cor amarelada, rico em proteínas, nutrientes, hormônios etc., que constitui a parte líquida do sangue.

**Pluricelular:** multicelular.

**Práxis:** ação ordenada para um determinado fim.

**Ribonucleico:** que é constituído por uma ribose, uma base nitrogenada e ácido fosfórico.

**Tissular:** relativo a tecido orgânico.

**Traqueia:** canal de anéis cartilaginosos que estabelece comunicação entre a laringe e os brônquios.

**Unicelular:** que tem uma só célula ou que é formado por uma única célula.

**Unicidade:** qualidade de único.

**Ventrículo:** cavidade do coração, de paredes musculosas, cujas contrações enviam o sangue para as artérias.

**Ventrículos:** cavidades inferiores do coração (duas).

**Vesícula:** pequena bexiga ou cavidade.

**Xeroftalmia:** doença ocular em que a conjuntiva se mostra seca e atrófica em decorrência da carência da vitamina A.

# Referências

Abeso – Associação Brasileira para o Estudo da Obesidade e da Síndrome Metabólica. **Diretrizes Brasileiras de Obesidade.** Ed. 3. Itapevi, SP: AC Farmacêutica, 2009. Disponível em: <http://www.abeso.org.br/pdf/diretrizes_brasileiras_obesidade_2009_2010_1.pdf>. Acesso em: 08 março 2013.

Almeida, P. N. de. **Educação lúdica**: técnicas e jogos pedagógicos. 11 ed. São Paulo: Loyola, 2003. v. 1.

AMABIS, J. M.; MARTHO, G. R. **Biologia**: biologia das células. 2. ed. São Paulo: Moderna, 2004a. v. 1.

Amabis, J. M.; Martho, G. R. **Biologia**: biologia dos organismos. 2. ed. São Paulo: Moderna, 2004b. v. 2.

ANDRADE, A. C. F. ET AL. **Retículo endoplasmático liso**. Trabalho acadêmico (Graduação em Zootecnia) – Universidade Federal de Mato Grosso, Sinop, 2010. Disponível em: <http://www.scribd.com/doc/38251747/Rel>. Acesso em: 12 nov. 2010.

ANTUNES, A. M. de S. (Org.). **Setores da indústria química orgânica**. Rio de Janeiro: E-Papers, 2007.

APAE SÃO LUÍS. **Fenilcetonúria**. Disponível em: <http://www.apaesao luis.org.br/fenilctonuria.html>. Acesso em: 12 nov. 2010.

AYRES, A. T. **Prática pedagógica competente**: ampliando os saberes do professor. 4. ed. Petrópolis: Vozes, 2008.

BEHRENS, M. A. O paradigma da complexidade na formação e no desenvolvimento profissional de professores universitários. **Educação**, Porto Alegre, Ano 30, v. 63, n. 3, p. 439-455, set./dez. 2007. Disponível em: <http://revistaseletronicas.pucrs.br/ojs/index.php/faced/article/viewFile/2742/2089>. Acesso em: 20 ago. 2010.

BONTEMPO, A. **O que você precisa saber sobre nutrição**. São Paulo: Ground, 2005.

BRANSFORD, J. D.; BROWN, A. L.; COCKING, R. R. (ORG.). **Como as pessoas aprendem**: cérebro, mente, experiência e escola. São Paulo: Senac, 2007.

BRASIL. Ministério da Educação. Secretaria de Educação Básica. **Orientações Curriculares para o Ensino Médio**: Ciências da Natureza, Matemática e suas Tecnologias. Brasília, 2006. v. 2. Disponível em: <http://portal.mec.gov.br/seb/arquivos/pdf/book_ volume_02_internet.pdf>. Acesso em: 12 nov. 2010.

BRASIL. Ministério da Educação. Secretaria de Educação Média e Tecnológica. **Parâmetros Curriculares Nacionais**: Ensino Médio. Brasília, 2000. Disponível em: <http://portal.mec.gov.br/seb/arqui vos/pdf/blegais.pdf>. Acesso em: 28 jan. 2013.

BRZEZINSKI, I. Trajetória do movimento para as reformulações curriculares dos cursos de formação de profissionais da educação: do Comitê (1980) à Anfope (1992). **Em Aberto**, Brasília, v. 54, n. 12, p. 75-86, abr./jun. 1992.

BULAS.MED.BR. **Bulas de medicamentos na internet**. Disponível em: <http://www.bulas.med.br/?act=search&q=acido%20acetilsalicili co>. Acesso em: 12 nov. 2010.

CAMPOS, L. M. L.; BORTOLOTO, T. M.; FELÍCIO, A. K. C. **A produção de jogos didáticos para o ensino de Ciências e Biologia**: uma proposta para favorecer a aprendizagem. 2002. Disponível em: <http://www.unesp.br/prograd/PDFNE2002/aproducaodejogos. pdf>. Acesso em: 20 ago. 2010.

CASCO, P. **Tradição e criação de jogos**: reflexões e propostas para uma cultura lúdico-corporal. São Paulo: Peirópolis, 2008.

COHEN, B. J.; WOOD, D. L. **Memmler**: o corpo humano na saúde e na doença. 9. ed. São Paulo: Manole, 2002.

CORBALÁN, F. **Juegos matemáticos para secundaria y bachillerato.**
Madrid: Editorial Síntesis, 1996.

COSTA, V. R. DA; COSTA, E. V. DA (ORG.). **Biologia**: ensino médio.
Brasília: MEC/SEB, 2006. (Coleção Explorando o Ensino, v. 6).

CZEPIELEWSKI, M. A. Obesidade. **ABC da Saúde**, 1º nov. 2001.
Disponível em: <http://www.abcdasaude.com.br/artigo.php?303>.
Acesso em: 2 nov. 2010.

DOHME, V. **Atividades lúdicas na educação**: o caminho de tijolos
amarelos do aprendizado. 4. ed. Petrópolis: Vozes, 2008.

FAILDE, I. **Manual do facilitador para dinâmicas de grupo.**
Campinas: Papirus, 2007.

FAZENDA, I. C. A. **Integração e interdisciplinaridade no ensino
brasileiro**: efetividade ou ideologia? 4. ed. São Paulo: Loyola, 2002.
(Coleção Realidade Educacional).

FELTRE, R. **Química**: química geral. 6. ed. São Paulo: Moderna, 2004a.

Feltre, R. **Química**: química orgânica. 6. ed. São Paulo: Moderna,
2004b.

FREIRE, P. **Pedagogia da autonomia**: saberes necessários à prática
educativa. São Paulo: Paz e Terra, 1996.

Freire, P. **Pedagogia da autonomia**: saberes necessários à prática educativa. 39. ed. São Paulo: Paz e Terra, 2009.

GRANDO, R. C. **O conhecimento matemático e o uso de jogos na
sala de aula.** 224 f. Tese (Doutorado em Educação) – Universidade
Estadual de Campinas, Campinas, 2000.

JUNQUEIRA, L. C. U.; CARNEIRO, J. **Histologia básica**. 11. ed. Rio de Janeiro: Guanabara Koogan, 2008.

KISHIMOTO, T. M. (ORG.). **Jogo, brinquedo, brincadeira e a educação**. 12. ed. São Paulo: Cortez, 2009.

KRAEMER, M. L. **Quando brincar é aprender**... São Paulo: Loyola, 2007.

LEMBO, A. **Química**: realidade e contexto. São Paulo: Ática, 2002.

MACHADO, N. J. ET AL. Jogos no ensino da matemática. **Cadernos de Prática de ensino – Série Matemática**, São Paulo, ano 1, n. 1, 1990.

MAHAN, B. M.; MYERS, R. J. **Química**: um curso universitário. 4. ed. São Paulo: E. Blücher, 2007.

MALDANER, O. A. **Formação inicial e continuada de professores de Química**: professores pesquisadores. 2. ed. rev. Ijuí: Ed. da Unijuí, 2003.

MENEGAZZO, I. T. **O resgate pedagógico dos jogos de cartas**. Disponível em: <http://www.diaadiaeducacao.pr.gov.br/portals/pde/arquivos/1910-6.pdf?PHPSESSID=2010012708223041>. Acesso em: 4 maio 2010.

MORAN, J. M. **A educação que desejamos**: novos desafios e como chegar lá. 3. ed. Campinas: Papirus, 2008.

MOURA, M. O. A séria busca no jogo: do lúdico na matemática. In: KISHIMOTO, T. M. (ORG.). **Jogo, brinquedo, brincadeira e a educação**. 12. ed. São Paulo: Cortez, 2009. p. 73-87.

MOYLES, J. R. **Só brincar?** O papel do brincar na educação infantil. Porto Alegre: Artmed, 2002.

OLIVEIRA, E. C. **Introdução à biologia vegetal**. 2. ed. rev. e ampl. São Paulo: Edusp, 2003.

PERUZZO, T. M.; CANTO, E. L. **Química**: na abordagem do cotidiano. São Paulo: Moderna, 2003.

PROF. ROSSETTI E QUÍMICA. Disponível em: <http://www.rossetti.eti. br>. Acesso em: 27 set. 2010.

RAMOS, I. M. F. **Utilização da tabela periódica na internet com estudantes do 9° ano de escolaridade**. 127 f. Tese (Mestrado em Química) – Universidade do Porto, Porto, 2004.

REVISTA VEJA. **Quem é quem**. Disponível em: <http://veja.abril.com. br/quem/diet-light.shtml>. Acesso em: 12 nov. 2010.

RIBEIRO, M. L. S. O jogo na organização curricular para deficientes mentais. In: KISHIMOTO, T. M. (Org.). **Jogo, brinquedo, brincadeira e a educação**. 12. ed. São Paulo: Cortez, 2009. p. 133-141.

SALLET, C. G. **Mãe... e agora?** São Paulo: Ediouro, 2009.

SANTOS, S. **Para geneticistas e educadores**: o conhecimento cotidiano sobre herança biológica. São Paulo: Annablume, 2005.

SAVI, R.; ULBRICHT, V. R. Jogos digitais educacionais: benefícios e desafios. **Revista Novas Tecnologias na Educação**, Rio Grande do Sul, v. 6, n. 2, dez. 2008.

SILVA JÚNIOR, C. DA; SASSON, S. **Biologia**: as características da vida, biologia celular, vírus: entre moléculas e células, a origem da vida e histologia animal. 8. ed. São Paulo: Saraiva, 2005a. v. 1.

Silva Júnior, C. da; Sasson, S. **Biologia**: genética, evolução, ecologia e embriologia. 7. ed. São Paulo: Saraiva, 2005b. v. 3.

Silva Júnior, C. da; Sasson, S. **Biologia**: seres vivos: estrutura e função. 8. ed. São Paulo: Saraiva, 2005c. v. 2.

SIZER, F. S.; WHITNEY, E. **Nutrição**: conceitos e controvérsias. 8. ed. Barueri: Manole, 2003.

SMOLE, K. S. Baralho, dados e educação. **Diário do Grande ABC**, Santo André, out. 2003.

SOARES, M. H. F. B. Jogos e atividades lúdicas no ensino de Química: teoria, métodos e aplicações. In: ENCONTRO NACIONAL DE ENSINO DE QUÍMICA, 14., 2008, Curitiba. **Anais...** Curitiba: UFPR, 2008. Disponível em: <http://www.quimica.ufpr.br/eduquim/eneq2008/resumos/R0309-1.pdf>. Acesso em: 20 ago. 2010.

USBERCO, J.; SALVADOR, E. **Química essencial**. São Paulo: Saraiva, 2001.

VIDAL, E. S. N.; BEHRENS, M. A.; MIRANDA, S. DE A. Conexão das abordagens pedagógicas na sociedade do conhecimento. In: BEHRENS, M. A. (ORG.). **Docência universitária na sociedade do conhecimento**. Curitiba: Champagnat, 2003. p. 31-59.

VON EYE, G. **Vitaminas**. ABC da Saúde, 4 nov. 2002. Disponível em: <http://www.abcdasaude.com.br/artigo.php?508>. Acesso em: 5 maio 2010.

# Bibliografia comentada

AMABIS, J. M.; MARTHOG, G. R. **Fundamentos da biologia moderna**. 2. ed. rev. São Paulo: Moderna, 1997.

*Essa obra traz um panorama atual de debates e pesquisas na área biológica. Encontramos também discussões envolvendo questões éticas relacionas à tecnologia aplicada aos seres vivos. É uma obra fácil de entendimento e com linguagem bastante esclarecedora.*

DOHME, V. **Atividades lúdicas na educação**: os caminhos de tijolos amarelos do aprendizado. 4. ed. Petrópolis: Vozes, 2008.

*Nesse livro, a autora enfoca os conceitos gerais sobre o lúdico, suas formas de apresentação e classificação, o papel educacional das atividades lúdicas e ainda apresenta uma atividade lúdica demonstrativa. O livro destaca que as atividades lúdicas constituem uma prática privilegiada para uma educação que visa ao desenvolvimento pessoal e à atuação cooperativa na sociedade, concentrando-se em dois objetivos: demonstrar um panorama amplo e classificar as atividades lúdicas.*

KISHIMOTO, T. M. (Org.). **Jogo, brinquedo, brincadeira e educação.** 12. ed. São Paulo, Cortez, 2009.

*Esse livro foi organizado em nove capítulos correspondentes a artigos que fazem parte de estudos e pesquisas realizados pelo Grupo Interinstitucional sobre o Jogo na Educação. Os estudos desse grupo aconteceram entre 1993 e 1994, sendo direcionados a professores, pesquisadores e público em geral, privilegiando discussões quanto à natureza do jogo, suas manifestações e funções, além de sua utilização na educação e na formação de professores.*

PAULINO, W. R. **Biologia.** 8. ed. São Paulo: Ática, 2002.

*Nessa obra, o conteúdo programático está dividido em três partes, cada qual subdividida em módulos. O texto é acompanhado de ilustrações, fotografias e esquemas selecionados com cuidado a fim de auxiliar o estudante. A seção denominada "Contextos, aplicações, interdisciplinaridade" focaliza temas variados relacionados à história da ciência, ao cotidiano, às conquistas tecnológicas e suas implicações éticas.*

USBERCO, J.; SALVADOR, E. **Química essencial.** 2. ed. São Paulo: Saraiva, 2003.

*Essa obra, apesar de ser volume único, é abrangente. Apresenta os conteúdos integrados ao cotidiano, com uma linguagem clara e compreensível. É dividida em três partes: química geral, físico-química e química orgânica.*

# Gabarito

## Capítulo 1

### Atividades de autoavaliação

1. d
2. b
3. b
4. d
5. c

## Atividades de aprendizagem

### Questões para reflexão

1. O estudante que já utilizou jogos em sua prática pedagógica pode utilizar sua experiência para responder a essa questão, colocando suas opiniões e apresentando pontos positivos e/ou negativos que observou nessa metodologia de ensino. Entretanto, se não utilizou jogos em suas aulas ou se encontra alheio a esse modo de ensino, deixamos a opinião da autora evidenciada em suas práticas, apontando os jogos como uma maneira diversificada e interessante de envolver os estudantes no processo de aprendizagem.

2. Partindo-se do princípio de que o jogo fascina grande parte das pessoas, torna-se possível entender o quanto este pode motivar os estudantes. Mesmo sendo educativos, os jogos instigam os alunos e despertam-lhes o interesse, motivando-os a aprender. Assim, é importante que o professor os elabore com criatividade, porém com objetividade.

## Capítulo 2

### Atividades de autoavaliação

1. d
2. b
3. a
4. b
5. d

Atividades de aprendizagem

Questões para reflexão

1.

a) As enzimas do retículo endoplasmático liso, principalmente as presentes nas células do fígado, são responsáveis pela neutralização de substâncias nocivas. O álcool ou mesmo certas drogas, como os sedativos, quando consumidos em excesso ou com frequência, induzem a proliferação do retículo liso e de suas enzimas (Andrade et al., 2010, p. 5).

b) A proliferação do retículo endoplasmático liso ou não granuloso aumenta a tolerância do organismo à droga, o que significa que doses cada vez mais altas são necessárias para que ela possa fazer efeito. Esse aumento de tolerância a uma substância pode trazer como consequência o aumento da tolerância a outras substâncias úteis ao organismo, como é o caso de antibióticos. Esse é um alerta importante para entendermos parte dos problemas decorrentes da excessiva ingestão de bebidas alcoólicas e do uso de medicamentos sem prescrição e controle médico (Andrade et al., 2010, p. 5).

2. A resposta dessa questão foi extraída do livro de Ricardo Feltre (2004).

APLICAÇÕES DOS ÁCIDOS NO COTIDIANO

Ácido sulfúrico – $H_2SO_4$

Usado na produção de fertilizantes agrícolas; na produção de compostos orgânicos (plásticos, celulose, tintas etc.); na produção de outros ácidos; na limpeza de metais e ligas metálicas; no refino do petróleo; em baterias de automóveis.

## Ácido clorídrico – HCl

Usado na produção de corantes, tintas, couros etc.; na limpeza de pisos e paredes de azulejo ou pedra; na hidrólise de amidos e proteínas (indústria de alimentos). Além disso, é um dos componentes do suco gástrico existente no estômago do ser humano.

## Ácido nítrico – $HNO_3$

Usado na produção de compostos orgânicos (explosivos, corantes, medicamentos etc.); na produção de fertilizantes agrícolas; na produção de nitratos, entre outros.

## Ácido fluorídrico – HF

Usado para decoração em fosco de objetos de vidro e gravação do número de chassi em vidros de automóveis; no preparo de $Na_3AlF_6$ (na produção de alumínio); no preparo de compostos do tipo $CCl_2F_2$ (em sistemas de refrigeração), entre outros.

### APLICAÇÃO DAS BASES NO COTIDIANO

## Hidróxido de sódio – NaOH

Usado na preparação de compostos orgânicos, como sabão, seda artificial e celofane; na purificação de óleos vegetais; na purificação de derivados do petróleo, entre outros.

**Hidróxido de cálcio – $Ca(OH)_2$**

Usado na construção civil, no preparo da argamassa e na pintura de paredes; na agricultura como inseticida e fungicida e no tratamento de águas e esgotos.

**Hidróxido de amônio – $NH_4OH$**

Usado em limpeza doméstica; como fertilizante agrícola; na fabricação de ácido nítrico; na produção de compostos orgânicos e como gás de refrigeração.

**Hidróxido de magnésio – $Mg(OH)_2$**

Presente no leite de magnésia, um antiácido estomacal.

# Capítulo 3

**Atividades de autoavaliação**

1. b
2. b
3. c
4. d
5. b

**Atividades de aprendizagem**

**Questões para reflexão**

1. Como exemplo, apresentamos o registro de um dia da semana:
   ~ Café da manhã: melancia, queijo e suco de laranja.
   ~ Almoço: arroz, feijão, ovos, salada de alface.

~ Lanche da tarde: maçã.

~ Jantar: frango ao molho, arroz, feijão e salada de tomate.

a) Alimentos consumidos em um dia e suas devidas vitaminas

~ Melancia – vitamina K, B1, ácido fólico, C.

~ Queijo – vitamina A, D, E, B12, ácido fólico.

~ Suco de laranja – vitamina K, B1, ácido fólico, C.

~ Arroz – vitamina B6, ácido fólico.

~ Feijão – vitamina B1, niacina, ácido fólico.

~ Ovo – vitamina A, D, E, B1, niacina, B6, B12, ácido fólico.

~ Salada de alface – vitamina E, niacina, B6, ácido fólico, C.

~ Maçã – vitamina K, B1, ácido fólico, C.

~ Frango ao molho – vitamina K, niacina, B6, B12.

~ Salada de tomate – vitamina K, B1, B6, C.

Assim, de acordo com os dados apresentados, as vitaminas mais ingeridas em um dia foram as seguintes: B1, K, C e ácido fólico.

b) Carência da vitamina B1: causa inflamação nos nervos, paralisia e atrofia muscular (beribéri). Carência de vitamina K: causa dificuldade de coagulação do sangue, levando a hemorragias. Carência da vitamina C: causa o escorbuto, uma doença que provoca a formação de feridas na pele, sangramento das membranas mucosas, entre outras. Carência do ácido fólico: causa anemia perniciosa, uma enfermidade que provoca fraqueza, diarreia, tontura, entre outros sintomas.

2.

| Elemento | Função biológica | Sintomas de ausência | Fonte de alimentos | Necessidades diárias |
|---|---|---|---|---|
| Ferro | Formação de hemoglobina e enzimas | Anemia | Carne, fígado, espinafre e feijão | Homem: 10 mg Mulher: 18 mg |
| Cobre | Formação de enzimas, células vermelhas e colágeno | Desmineralização óssea | Ovos, frango, verduras, trigo | Homem/Mulher: 2 a 5 mg |
| Iodo | Funcionamento da tireoide | Hipotireoidismo, gota, cretinismo | Sal iodado, marisco, ostra, peixe, camarão | Homem/Mulher: 150 µg |
| Zinco | Metabolismo de aminoácidos; formação de enzimas e colágeno | Retarda o crescimento e a formação de ossos | Trigo, marisco, leite, peixe, ovos, grãos | Homem/Mulher: 15 mg |

Fonte: USBERCO; SALVADOR, 2001, p. 63.

# Capítulo 4

## Atividades de autoavaliação

1. d
2. c
3. b
4. c
5. b

## Atividades de aprendizagem

### Questões para reflexão

1. De acordo com Feltre (2004b), os compostos orgânicos naturais são provenientes do petróleo, do carvão mineral, do gás natural, dos produtos agrícolas, entre outros. Os compostos orgânicos sintéticos são produzidos artificialmente pelas indústrias químicas, que fabricam desde plásticos e fibras têxteis até medicamentos, corantes, inseticidas, entre outros.

2. O ácido acetilsalicílico (AAS) é o principal componente da popular aspirina, de fórmula molecular $C_9H_8O_4$. De acordo com a bula desse medicamento (Bulas.med.br, 2010), cada comprimido para uso adulto contém: 500 mg de ácido acetilsalicílico. Além disso, encontramos também os seguintes excipientes: amido, talco, croscarmelose sódica e sílica precipitada amorfa.

   Para o uso infantil, a dosagem é menor. Cada comprimido contém: 100 mg de ácido acetilsalicílico e os excipientes são: amido, manitol, celulose microcristalina, sílica precipitada amorfa, sacarina sódica, corante e essência.

# Capítulo 5

### Atividades de autoavaliação

1. c
2. c
3. b
4. b
5. c

Atividades de aprendizagem

Questões para reflexão

1.
a) Em seu *site*, a Associação de Pais e Amigos dos Excepcionais – Apae São Luís (2010) esclarece que a fenilcetonúria (PKU) é uma doença genética causada por uma deficiência na enzima fenilalanina hidroxilase (PAH), que catalisa a conversão da fenilalanina em tirosina. Não havendo a conversão, a fenilalanina se acumula nos tecidos e dá origem a alguns derivados, como o ácido fenilpirúrico, que aparece em grandes quantidades na urina. Os sintomas neurológicos da PKU parecem decorrer do excesso de fenilalanina no sistema nervoso central, uma vez que ela compete em maior quantidade com outros aminoácidos pelo transporte para dentro da célula nervosa, causando desequilíbrio na concentração intracelular de aminoácido e afetando a síntese de neurotransmissores e de mielina.

b) De acordo com as informações do *site* da Apae São Luís (2010), o tratamento baseia-se em dieta especial, pobre em fenilalanina, e deve ser iniciado tão logo o diagnóstico seja confirmado. Como a fenilalanina está presente em todas as proteínas, a dieta consiste em substituir alimentos proteicos (carne, ovos, leite etc.) por uma mistura de aminoácidos com pouca ou nenhuma fenilalanina. A dieta deve ser bem calculada para suprir a quantidade de proteína e as calorias necessárias ao desenvolvimento da criança, bem como para assegurar níveis mínimos de fenilalanina na circulação.

c) Sallet (2009) explica que o Teste do Pezinho consiste em um exame de sangue para triagem de problemas metabólicos e de doenças congênitas. Para tanto, utilizam-se algumas gotinhas de sangue retiradas do pezinho do bebê. Esse teste deve ser realizado preferencialmente na primeira semana de vida da criança.

2. A Resposta que segue foi baseada em Antunes (2007); Feltre (2004); Prof. Rosseti e Química (2010).

~ **Benzeno** – O benzeno é quase inteiramente usado como matéria-prima na produção de outros produtos petroquímicos; raramente usado como solvente por causa da sua potencial toxidez.

~ **Tolueno** – O tolueno é um dos líderes dos petroquímicos básicos. É aplicado como solvente; na produção de ácido benzoico, cloreto de benzila, fenol e outros. É encontrado no bálsamo-de-tolu, extraído de uma árvore originária da Colômbia.

~ **Naftaleno** – É vendido na forma de bolinhas de naftalina e usado como repelente de insetos.

~ **Antraceno** – É encontrado nos óleos destilados do carvão mineral.

~ **Fenantreno** – Existe nos esteróis, nos hormônios sexuais, nos glucosídios cardíacos, nos ácidos biliares e nos alcaloides do grupo da morfina e da apomorfina.

# Nota sobre a autora

**Neusa Nogueira Fialho** é paranaense, natural da cidade de Bandeirantes, onde estudou o Magistério como curso profissionalizante no ensino médio. Tem graduação em Química (1986) pela Fundação Faculdade Estadual de Filosofia, Ciências e Letras de Cornélio Procópio – Faficop, graduação em Pedagogia (2018) pelo Centro Universitário Internacional Uninter e especialização em Magistério de 1º e 2º graus (1997) pelas Faculdades Integradas Espírita – Fies. É mestre em Educação (2011) pela Pontifícia Universidade Católica do Paraná – PUCPR e doutora em Educação com concentração em Formação de Professores nesta mesma instituição (2016). Atualmente, é professora-tutora efetiva na Licenciatura em Química da PUCPR e membro do Núcleo Docente Estruturante - NDE dos cursos de Química e Física. É produtora de materiais didáticos para Ensino a Distância e, também, pesquisadora em vários setores da educação, principalmente no que se refere aos temas direcionados a: formação de professores, ludicidade, jogos e gamificação, ensino híbrido, metodologias ativas, métodos e técnicas de ensino, recursos pedagógicos alternativos, *softwares* educacionais, ambientes virtuais de aprendizagem, educação a distância, tecnologias educacionais e recursos educacionais abertos. Tem publicações nacionais e internacionais nas áreas de: formação de professores, ludicidade, tecnologias educacionais, ensino e aprendizagem de Ciências e Química. É autora dos livros: *Didática e avaliação da aprendizagem em Química* (InterSaberes, 2013) e *Educação e ludicidade* (Iesde, 2019).

Os papéis utilizados neste livro, certificados por instituições ambientais competentes, são recicláveis, provenientes de fontes renováveis e, portanto, um meio **respons**ável e natural de informação e conhecimento.

Impressão: Reproset